可信云存储技术

杜瑞忠　何欣枫　刘凡鸣　著

科学出版社

北　京

内 容 简 介

本书在简要介绍安全云存储系统已有研究基础上，主要介绍作者在云存储技术方面的研究成果。主要内容包括：基于封闭环境加密的云存储方案、云环境下基于 CP-ABE 权重属性多中心访问控制方案、基于 DDCT 的云数据完整性验证方案、基于覆写验证的云数据确定性删除方案、基于聚类索引的多关键字排序密文检索方案、基于倒排索引的可验证混淆关键字密文检索方案、陷门不可识别的密文检索方案、基于区块链的公钥可搜索加密方案、一种支持动态可验证的密文检索方案、支持双向验证的动态密文检索方案和基于第三方监管的可信云服务评估。

本书可以作为信息安全及相关专业研究生的参考书，也可供从事信息安全相关研究和开发的人员阅读参考。

图书在版编目（CIP）数据

可信云存储技术 / 杜瑞忠，何欣枫，刘凡鸣著. — 北京：科学出版社，2022.10

ISBN 978-7-03-073204-0

Ⅰ. ①可… Ⅱ. ①杜… ②何… ③刘… Ⅲ. ①计算机网络-信息存贮-信息安全-研究 Ⅳ. ①TP393.071

中国版本图书馆 CIP 数据核字（2022）第 173829 号

责任编辑：陈 静 霍明亮 / 责任校对：胡小洁

责任印制：吴兆东 / 封面设计：迷底书装

科学出版社出版

北京东黄城根北街 16 号

邮政编码：100717

http://www.sciencep.com

北京九州迅驰传媒文化有限公司印刷

科学出版社发行 各地新华书店经销

*

2022 年 10 月第 一 版 开本：720×1 000 1/16

2024 年 3 月第三次印刷 印张：12

字数：239 000

定价：108.00 元

（如有印装质量问题，我社负责调换）

前　言

随着计算机技术和互联网应用的迅速发展，数据以几何级数的方式增长，人们对存储空间的需求也越来越大。在这一趋势下所提出的云存储以及存储即服务的模式为人们提供了大量廉价的存储空间，促使越来越多的用户选择使用云存储存放自己的资料，使云存储得到了快速发展。例如，2006 年，Amazon 推出的简易存储服务产品正式开启了云存储服务之路；2011 年，Google 推出了云存储服务 Cloud Storage；随后，我国也出现了较多热门云存储服务平台，如 360 云盘、百度云盘等。

任何事物都具有两面性，云存储技术也不例外。一方面，云存储技术的发展使人类生活更便捷；另一方面，数据的泄露事件也不断发生，规模越来越大，且有愈演愈烈的趋势。这些事件不仅给用户带来数据资产的严重损失，还带来了巨大的社会影响，严重阻碍了云存储技术的发展。因此，云存储系统对安全机制有着十分迫切的需求，数据存储过程中的安全保障能力是云存储系统的重要组成部分，云数据安全问题已成为世人关注的社会问题和云存储领域的热点研究问题。

确保云数据安全应该从云存储系统安全角度入手。为了有效地保证云存储系统的安全，不同系统的设计者往往会根据自己系统的特征，为系统添加一些特定的解决方案，由此催生了可信云存储技术的产生和发展。

可信计算组织从实体行为角度对可信计算进行了定义：如果一个实体的行为总是以预期的方式达到预期目标，则称其为可信的。可信云存储技术的总目标是提高云存储系统的可信性。沈昌祥院士和张焕国教授将可信解释为“可信≈可靠+安全”，可信云存储技术是能够提供可信计算服务的云存储系统，它能提供系统的可靠性、可用性、主体行为与数据的安全性。

2015～2021 年，我们研究小组一直从事系统可靠性、可用性及数据安全研究和实践成果推广工作。为了提高云存储系统的可靠性和可用性，2001 年，我们成功研制了具有自主知识产权的高可用、可扩展分布式数据库服务器 YF-Ⅰ和 YF-Ⅱ，并得到了实际应用，《科技时报》《河北日报》等多家媒体对此进行了报道，2002 年该成果获河北省科学技术进步三等奖。在网络与信息安全领域，通过研究蜜罐、认证、入侵检测、攻击预警等技术，我们设计并实现了一个分布式网络安全监测与攻击预警模型，相关研究成果也成功地应用到政务系统及相关国际合作项目中。

从 2005 年开始，我们开设了“可信计算技术”讨论班，在前期系统可靠性、可用性及信息安全理论研究和实践成果基础上，秉承“可信≈可靠+安全”理念，对可信计算特别是信任管理理论进行了探讨和研究，我们研究小组成为我国在可信计算领域开展研究工作较早的单位之一。

通过开展可信计算技术研究，我们在可信计算领域取得了一些成果，本书是我们研究小组近年来在可信计算与可信存储研究方面的阶段成果总结，里面很多思想方法是在我的指导下，由我的研究生在完成科研项目研究和学位论文的过程中产生的，这些成果的产生得益于他们的创新性研究和勤奋努力，在此对他们表示衷心的感谢。

全书共分 12 章，由杜瑞忠、何欣枫、蔡红云、梁晓艳、刘凡鸣、石朋亮、李明月等撰写，全书由杜瑞忠统稿和审校。

感谢曾经参加或正在参加“可信计算技术”讨论班的所有老师和研究生，他们的建议和部分学生的论文充实了本书的内容。

在可信计算与可信云存储研究过程中，我们得到了武汉大学张焕国教授、中国科学院计算技术研究所张玉清教授、北京航空航天大学刘建伟教授、南开大学贾春福教授等众多专家的支持和帮助，在此向他们表示衷心的感谢。

本书的部分研究内容得到了国家自然科学基金项目(61572170)、河北省自然科学基金重点项目(F2019201290)和河北省自然科学基金项目(F2022201005)的资助，特此致谢。

由于作者水平所限，书中难免有不足之处，恳请读者批评指正。

作　者

2021 年 8 月

目　　录

第1章 安全云存储系统综述

1.1 云存储系统的安全需求

随着计算机技术和互联网应用的迅速发展，数据正以几何级数的方式增长，传统的并行计算和其他数据处理技术已经难以满足人们日益增长的数据处理需求，这种情况下云计算登上了海量数据处理的舞台。

云计算[1]因能有效地降低应用成本、充分地利用资源、提高计算能力、使用方便而颇受欢迎。云存储[2]的概念是由云计算的概念发展而来的，通过现有的一些网络技术的结合将网络中大量的存储设备集中在一个虚拟资源池中来统一调度、分配、使用。云存储服务提供商通过向用户提供公开统一的接口来提供服务，用户可以通过这些接口方便快捷地管理自己的数据，企业则可以通过租用云服务来减少企业开支和降低维护设备的成本。云存储不单是一种存储方式，而是一种建立在互联网上的服务，它具有本地存储所不具备的众多优点，如海量存储、资源共享、成本低廉。

然而，云存储环境使用户对数据的绝对控制权由用户转移到云服务提供商处，用户不再真正(物理)拥有数据，用户数据面临一系列的风险。例如，云存储环境中的数据为了方便检索，增删数据通常是明文形式存储的，这样就对用户的敏感数据造成了巨大的威胁，不仅黑客可能盗取云服务提供商处存储的数据来恶意利用，并且云服务提供商本身也可能对用户数据进行分析来牟取利益。事实上，云服务提供商安全泄密事件层出不穷，Google、Salesforce 和 MediaMax 等均发生过泄密事件，并且随着云存储的推广，用户不断增多，这类安全问题会越发严重。

根据 2016 年度 TechTarget 云存储调查报告[3]，可以发现只有 1/3 的企业在使用云存储服务。Verizon 在 2015 年度数据泄露调查报告中指出，除了黑客攻击、木马病毒、钓鱼网站等外部因素，缺乏整套行之有效的安全管理系统，内部员工泄密及内部管理不当等内部因素成为引发数据泄密事件的主要原因[4]。由此可见云存储的用户难以完全信任云服务提供商。数据安全问题成为云存储推广路上的绊脚石，合理高效的安全机制对云存储至关重要。

云计算进入大众视野仅仅十多年，云存储的发展还处于早期阶段，云存储安全方面的研究更是刚刚踏上“万里长征第一步”，安全问题不解决，云计算与云存储发展和推广势必举步维艰。因此云存储安全技术的研究，不仅可以减少用户及云服务提供商的损失，而且对于云存储的推广更是具有重大的意义。

1.2　安全云存储系统的关键技术

1.2.1　数据加密技术

现有的数据加密算法分为对称加密和非对称加密(公钥加密)，对称加密的加解密密钥可以互推。对称加密具有加密速度快、效率高的优点，常用于大量数据的加密工作。其缺点在于数据传输时，发送方和接收方都需要管理好密钥，其中一方泄露，那么密钥就不再安全，并且每对使用对称加密的用户密钥都是唯一的，因此对称密钥的数量是和文件数量成正比的，文件的逐渐增多会给对称密钥的管理带来不小的难度，因此文件的安全问题等同于密钥管理的安全问题。常用的对称加密密钥有数据加密标准(data encryption standard，DES)、高级加密标准(advanced encryption standard，AES)、三重数据加密算法(triple data encryption algorithm，TDEA，或称3DES)、对称分组加密算法(symmetric block cipher algorithm)、对称加密算法(symmetric encryption algorithms)、参数可变的分组密码算法(block cipher algorithm with variable parameters)、国际数据加密算法(international data encryption algorithm，IDEA)等。

非对称加密(公钥加密)加解密密钥无法互推。非对称加密不需要通信双方传输存储大量的密钥，数据接收方将公钥以明文形式发布出去，数据发送方采用接收方的公钥对数据进行加密，之后数据接收方用自己的私钥再将密文数据解密成明文使用。非对称加密的缺点是运算量较大，实现效率低，对机器负担较重。云计算可以从一定程度上弥补这些缺点。常用的公钥加密算法有 RSA(Rivest-Shamir-Adleman)、ElGamal(非对称加密算法)、背包算法、Diffie-Hellman密钥交换协议中的公钥加密算法等，其中 RSA 是影响力最大的公钥加密算法，它可以抵御已知的绝大多数密码攻击，并且被国际标准化组织推荐为公钥数据加密标准。

云存储中数据安全加密的机制按加密对象分可以分为密钥封装机制(key encapsulation mechanism，KEM)和数据封装机制(data encapsulation mechanism，DEM)。KEM 多采用公钥加密算法，通过对 KEM 的控制，可以实现灵活的访问控制策略。DEM 多采用对称加密算法，不同的方案视情况采取 KEM 或者 DEM，也有的采取混合加密。按照加密原理和加密功能又分为以下 4 种主流的数据加密机制。

1)代理重加密机制

代理重加密(proxy re-encryption，PRE)机制是指允许第三方C改变由A加密的密文，使得B可以解密文件，而第三方C却不知晓数据明文信息。吴世坤[5]对代理重加密方案进行了详尽的研究，PRE机制允许第三方代理者C加密A的密文，使得B可以解密数据密文。代理重加密适合于分布式文件存储系统和电子邮件的离线转发等场景。

2)广播加密机制

广播加密机制适用于多用户场景，当数据拥有者需要对其他用户分享数据时，可以动态地选择拥有权限的用户作为可解密的子集，只有合法(被授权)的用户才能解密数据。广播加密方案解决了合谋攻击，被撤销权限的用户即使联合起来，也不能获得广播明文。针对现有的广播加密机制在加解密性能和安全性方面的不足，文献[6]提出了一种基于拉格朗日插值多项式的匿名广播加密方法，降低了通信开销。广播加密方案在付费有线电视、视频会议等领域已经得到应用。

3)基于属性的加密机制

基于属性基加密(attribute-based encryption，ABE)机制是指加密数据时以某种属性作为公钥对数据进行加密，用户的私钥也具有某种属性，只有当用户私钥的属性满足公钥的属性要求时才能解密数据。例如，密文要求用户私钥属性具有a和b，当用户私钥属性只有a或b时就不行。当密文要求用户私钥属性是a或b时，用户私钥属性只有a或只有b或者具有a与b都能解密密文。Sahai和Waters[7]提出了第一个ABE方案，文献[8]提出了一个多授权机构支持策略更新的CP(ciphertext policy)-ABE方案，对属性及解密密钥进行管理，类似于基于角色的访问控制。

ABE机制支持灵活的访问控制策略，适合多用户共享文件数据等场合，但是目前ABE方案还存在时间复杂度高、重加密代价大的问题。

4)全同态加密

全同态加密是指数据加密后，可以进行和明文一样的操作，包括加减乘除，若只能加或只能乘，则称为半同态加密。全同态加密的密文经过处理后得到的结果与明文处理后得到的结果完全一致，这是解决数据安全悖论(若数据加密则无法对数据进行操作，若不加密则安全性不保)最好的办法，保证了数据处理者可以正常操作，数据却无法得到数据明文。2009年国际商业机器公司(International Business Machines Corporation，IBM)的研究员Gentry[9]通过理想格(ideal lattice)的数学对象，完成了对加密数据的充分操作，但是全同态加密现阶段密文处理效率很低，难以实际应用。

1.2.2 访问控制技术

存储在云中的数据往往含有大量和个人隐私相关的敏感数据，如果不对这些数据提供可靠的保护，则一旦泄露会给用户带来巨大的损失。通过访问控制技术的实施，可以促使信息资源使用合法性得到保证：

(1) 防止非法的用户访问受保护的云存储系统信息资源；

(2) 允许合法用户访问受保护的云存储系统信息资源；

(3) 防止合法的用户对受保护的云存储系统信息资源进行非授权的访问。

因此，访问控制技术是云安全问题的关键，通过限制用户对数据信息的访问能力及范围，保证信息资源不被非法使用和访问。根据访问控制模型功能的不同，研究的内容和方法也不同，研究比较多的有基于角色的访问控制、基于任务的访问控制、基于属性模型的云计算访问控制、基于 UCON (usage control) 模型的云计算访问控制、基于 BLP (Bell-La Padula) 模型的云计算访问控制等。

1.2.3 数据完整性审计技术

随着数据指数式的增长，同时加上本机存储有限的资源，如果将大量数据存储在本地，则势必会对本地存储容量带来严重挑战。因此数据拥有者将数据上传到云端，以便节省本地存储空间。但为了确保自己数据的安全，有必要对数据进行完整性审计。一种方法是把数据从云端直接下载下来进行完整性审计，这种方法无疑在正确性方面能做到最好，但是十分消耗资源和时间，降低审计的效率。为了减少客户端审计开销，目前主要的方法是数据拥有者将审计任务委托给第三方审计机构去审计。而第三方审计机构采用随机抽样的方法，即从用户上传到云端的所有数据中抽取一部分进行完整性审计，根据这部分的审计结果估测整体数据的完整性，从而确定数据是不是安全。随机抽样的方法兼顾正确性和审计效率，与上面方法相比，正确性有所下降，但是审计效率却是翻倍地提高。

数据完整性审计模型一般包括三部分实体：数据拥有者 (data owner，DO)、云服务提供商 (cloud server provider，CSP) 和第三方审计机构 (third party auditor，TPA)，如图 1.1 所示。各个实体部分的主要功能如下所示。

数据拥有者：对要上传到云端的数据进行一系列的处理，如加密、分块和计算标签等。

云服务提供商：提供数据存储和共享功能，根据第三方审计机构的挑战请求计算响应证据。

第三方审计机构：依据数据拥有者的审计委托，对存储在云端的数据进行完整性审计并将审计结果如实地反馈给数据拥有者。

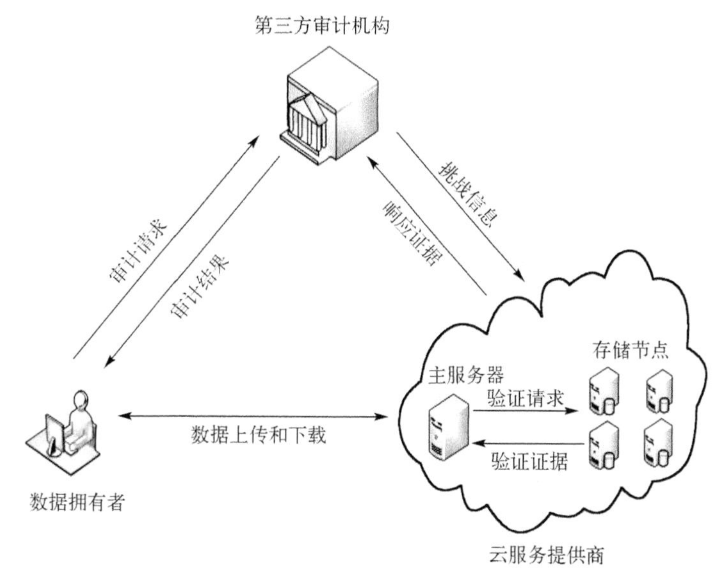

图 1.1　数据完整性审计模型

1.2.4　可搜索加密技术

在云计算环境下，保护用户数据隐私的同时，如何使密文数据得到高效利用成为亟待解决的重要研究课题。可搜索加密是云计算安全领域的一个前沿研究方向，是一种支持用户在密文中进行关键字检索的新技术，主要通过构造可搜索加密算法，解决云计算环境下如何利用不可信的服务器为用户提供安全高效的搜索服务。通常情况下，可搜索加密机制可以根据加密方法分为对称可搜索加密和公钥可搜索加密。

1) 对称可搜索加密

对称可搜索加密算法可描述为五元组：SSE=(KeyGen, Encrypt, Trapdoor, Search, Decrypt)。

(1) Key←KeyGen(l)：输入安全参数 l，输出对称密钥 Key。

(2) (I, C)←Encrypt(Key, D)：输入对称密钥 Key 和明文集合 $D=(D_1, D_2,\cdots, D_n)$，输出加密索引 I 和密文集合 $C=(C_1,C_2,\cdots,C_n)$。

(3) TD←Trapdoor(Key, w)：输入对称密钥 Key 和查询关键字 w，输出关键字陷门 TD。

(4) $D(w) \leftarrow \text{Search}(I, \text{TD})$：输入安全索引 I 和关键字陷门 TD，输出包含查询关键字 w 文件的标识符构成的集合 $D(w)$。

(5) $D_i \leftarrow \text{Decrypt}(\text{Key}, C_i)$：输入对称密钥 Key 和密文 C_i，输出相应明文 D_i。

2) 公钥可搜索加密

公钥可搜索加密算法可描述为六元组：PEK=(Setup, KeyGen, Encrypt, Trapdoor, Search, Decrypt)。

(1) $\text{Params} \leftarrow \text{Setup}(l^{\lambda})$：输入安全参数 l^{λ}，输出系统参数 Params。

(2) $(\text{sk}, \text{pk}) \leftarrow \text{KeyGen}(\text{Params})$：输入系统公共参数 Params，输出用户的公私钥对{sk, pk}。

(3) $I \leftarrow \text{PEKS}(\text{pk}, w)$：输入用户的公钥 pk 和关键字 w，输出加密索引 I。

(4) $\text{TD} \leftarrow \text{Trapdoor}(\text{sk}, w)$：输入用户的私钥 sk 和查询关键字 w，输出关键字陷门 TD。

(5) $D(w) \leftarrow \text{Search}(I, \text{TD})$：输入加密索引 I 和关键字 w 的陷门 TD，输出包含关键字 w 的文件标识符构成的集合 $D(w)$。

(6) $D_i \leftarrow \text{Decrypt}(\text{sk}, C_i)$：输入用户私钥 sk 和密文文件 C_i，输出相应明文文件 D_i。

1.2.5 确定性删除技术

数据拥有者将数据上传到云端存储后，为节省本地存储空间可以删除数据的本地副本，当数据拥有者想删除云端的数据副本时，给云服务提供商下达删除命令。可信的云服务提供商直接删除数据，但是由于当下复杂的网络环境下云服务提供商的不可信性，其可能只是进行逻辑删除，真实的数据副本仍然存储在云端，更为严重的情况是直接将这部分存储空间租给其他租户，这样其他租户直接获取了数据拥有者的副本数据，致使数据泄露。目前保证云数据确定性删除的方法从密码学的角度来分主要有三种：基于可信环境的确定性删除方案、基于密钥管理的确定性删除方案和基于访问控制的确定性删除方案。

基于可信环境的确定性删除方案主要思想是构建一个让租户值得相信的环境，然后在这个环境中对数据进行删除操作，而现实中构建一个可信的环境是十分困难的，因此这个方案很难应用到实践中去。

基于密钥管理的确定性删除方案的主要思想是将数据进行加密，只有拥有密钥才能解密数据，数据要删除时将加密密钥删除，致使数据不能解密，从而达到删除的目的。这个方案的安全性主要依赖加密算法安全性，如果加密算法安全性低，则数据存在爆破的可能；如果加密密钥一直不变换，则密钥也存在泄露的可能性。

基于访问控制的确定性删除方案的主要思想是为共享用户分配访问权限，当数据要删除时，收回用户的访问权限，以便数据不能访问，间接地达到数据确定性删除的目的。这个方案很难避开黑客的非法访问技术，如果访问权限技术不是很强，则数据的安全性依然面临着严重的挑战。

目前，为了有效地确保数据的删除，一般对要删除的数据进行脏数据覆写，主要方法有全零数据覆写、随机数据覆写和混合式数据覆写等。数据覆写后如果没有专业的恢复工具和手段，则很难恢复出原来的数据，这样的方法可以有效地保证数据的确定性删除，但是覆写过程会带来很高的资源消耗。

1.2.6　云服务评估

云存储的最大特点在于存储即服务。在云存储环境下，数据加密、数据访问控制、数据完整性审计、数据检索及数据删除都属于云服务范畴。云服务是在远端部署的，通过 Internet 访问的应用或服务。但是随着大量云服务的出现，一些以窃取用户隐私为目的的欺诈性“黑云”也日渐猖狂，用户在面对云服务时往往会遇到三个问题：

(1) 比较和评估，进而找到一个可以信任的云服务非常烦琐；

(2) 找到一个符合用户自身需求偏好要求的服务并且不浪费多余计算资源和资金预算并不容易；

(3) 用户想要了解云服务提供商需要大量时间，同时，承载云服务的云计算平台也会受到恶意用户威胁。

云存储环境下的系统形态也正从面向封闭的、熟识用户群体和相对静态的形式向开放的、虚拟抽象的和动态协作的服务模式转变，这大大增加了实体交互过程中的安全风险。建立一个相对可信的交易环境，确保用户能申请到安全可信的云是云服务评估的目标。建立一个可控的云存储平台安全监管，对于提高用户服务满意度和安全性，促进云存储的良性发展具有积极意义，而基于第三方的监管是实现安全监管的重要途径。

1.3　本章小结

用户对云存储的不信任引发了云存储系统中的安全问题。近年来，随着云存储的推广与普及，虽然有越来越多的人开始使用云存储存放自己的资料，但云存储系统中的安全问题却并没有得到解决。本章对安全云存储系统进行综述，简要介绍了云存储系统的安全需求，以及一些关键技术的基本概念，包括数据加密技术、访问控制技术、数据完整性审计技术、可搜索加密技术、确定性删除技术等。

接下来的章节将阐述云存储系统中这些关键技术的研究现状，针对这些关键技术存在的问题提出相应的具体解决方案。

参考文献

[1] Mell P, Grance T. The NIST definition of cloud computing: Technical report special publication 800-145[R]. Washington: NIST, 2011.

[2] Cloud storage [EB/OL]. [2016-11-22]. https://en.wikipedia.org/wiki/Cloud_storage.

[3] TechTarget 云存储调查报告[EB/OL]. [2016-02-02]. http://www.searchcloudcomputing.com.cn/showcontent_91947.htm.

[4] Verizon2015[EB/OL]. [2015-04-13]. http://www.verizon.com/about/news/2015-data-breach-report-info.

[5] 吴世坤. 代理重加密体制研究及其应用[D]. 成都: 电子科技大学, 2016.

[6] 许盛伟, 林慕清. 基于匿名广播加密的云存储访问控制方法[J]. 计算机应用, 2017, 37(2): 473-482.

[7] Sahai A, Waters B. Fuzzy identity based encryption[C]. Annual International Conference on the Theory and Applications of Cryptographic Techniques, Aarhus, 2005.

[8] 吴光强. 适合云存储的访问策略可更新多中心 CP-ABE 方案[J]. 计算机研究与发展, 2016, 53(10): 2393-2399.

[9] Gentry C. Fully homomorphic encryption using ideal lattices[C]. Proceedings of the 41st ACM Symposium on Theory of Computing, New York, 2009: 169-178.

第 2 章　基于封闭环境加密的云存储方案

云存储的安全性问题已引起学术界和企业界的广泛关注，本章主要侧重于数据保密存储。数据加密是保护云端用户数据机密性的基本手段，根据数据加密位置的不同，又分为在客户端进行加密和在云端进行加密。

在客户端进行加密，即在上传数据前在用户自己的设备上将数据进行加密。将数据上传到云端之前进行加密能充分地保障数据的安全，但是缺点也很明显：在用户客户端上加密，将会增加客户端的负担，并且随着移动设备的推广，将来在移动设备上上传数据也会变得越来越流行，这种加密手段会对移动设备使用云存储带来极大的障碍。如果客户端性能较差，加解密密钥又比较复杂，将会使用户的操作更加烦琐、耗时，客户端的计算负荷大大加重，而云计算平台强大的计算能力却没有得到充分利用。

在云端进行加密，即将数据上传至云端后再进行加密。若用户要求保护单块数据的安全性，则在块数据服务器上部署安全虚拟监督系统；若用户要求保护整体数据的安全性，则在元数据服务器上部署安全虚拟监督系统，并且为了保障数据在网络中的传输安全，均采用了安全套接字层(secure sockets layer，SSL)协议。优点是使云计算平台的计算能力能够得到充分发挥，并且将云端的操作系统和分布式文件系统进行了隔离。其缺点是数据对于分布式文件系统是明文，因此，用户数据还是可能泄露给云服务提供商，并且多次使用 SSL 协议带来了性能损耗。

本章主要讨论一种可以安全利用云服务提供商对数据进行加密的方法，即在云中构造一个封闭的计算环境，一次加密，多点安全存储，并改进 RSA 算法，实现密钥更新，在保障用户数据机密性的同时，充分地发挥云计算平台的强大计算能力。

2.1　云存储结构介绍

云存储作为云计算的重要应用之一，随着云计算的发展，已经在金融、教育和军事等领域出现。云计算是将大量的计算资源整合起来，对外提供庞大的计算能力，而云存储的核心功能是存储和管理数据。云存储首先整合网络中大量拥有存储能力的设备，然后利用目前一些成熟的技术将它们组成一个可以协同统一工作的存储资源池，对租户提供存储服务。云存储为平衡各个存储设备的负载均衡，部署了许多监控和管理存储设备的节点，它们主要用来分配存储任务和监控存储设备中的数据，保证云存储服务安全稳定地运行，云存储系统的整体结构一般由以下四部分构成。

1) 存储层

存储层是整个系统的根基，就像一棵树的众多根须一样，为整个系统数据存储提供空间。存储层主要由各种各样拥有存储资源的设备构成，如网络附接存储(network attached storage，NAS)、硬盘或者大型存储服务器等。这些存储设备不是集中地在某处存放在一起，而是通过局域网、城域网或者广域网互相连接在一起，构成一个互联互通的存储网络，从外面看就像一个整体的存储资源池。

2) 基础管理层

基础管理层是云存储系统的核心层，主要负责系统全方位的管理。首先是利用集群系统、分布式文件系统和网格计算等技术将存储层分散在全世界各地的存储设备连接起来，组成对外统一的存储资源池，同时部署对存储设备运行情况的监控管理。其次是对接口层传送过来的数据进行管理，基于负载均衡的应用前提下，将数据合理地发布到存储层的设备上存储。然后在传输过程中，为了给用户更好的体验，采用数据压缩等技术，占用较少的网络带宽消耗。最后为了保证服务的安全性和可靠性，对租户存储的数据进行加密、备份及容灾处理。可以看出基础管理层是整个系统业务逻辑处理的关键层，在保证云存储系统安全高效地运行中起着至关重要的作用。

3) 应用接口层

应用接口层作为系统应用服务的接口，针对不同的用户服务请求提供不同的接口服务，其中包括公共的应用程序接口(application programming interface，API)、各种应用软件和万维网(world wide web，WWW)服务接口。应用接口层在提供接口服务的同时还对用户的身份进行认证，对用户的权限进行管理。总之，是让不同身份的人根据自己的需要获得不同的存储资源。

4) 访问层

访问层是系统对外的窗口，用户可以依据自己的喜好访问云存储系统的不同资源。目前IT(information technology)公司根据用户访问情况已经开发出来各种各样的数据访问软件，如通过音乐播放器播放音乐，通过视频播放软件播放视频等。

2.2 封闭计算环境

隔离机制[1]是维护系统安全的一种重要手段，传统操作系统因不能为其上运行的应用程序提供一个有效的封闭环境而存在很大的安全隐患。传统操作系统通过地址空间隔离来实现进程间的隔离。Windows 下将地址空间分为物理地址和虚拟地址。Linux 下将地址空间分为内核空间和用户空间，每个进程通过系统调用进入内核，Linux 使用了两级保护机制：0 级权限最高，供内核使用；3 级权限最低，供用户程序使用。用户空间的地址不是连续的，为了记录其物理地址，操作系统生成了记录进程内核空间向用户空间转换的页表，通过这个页表来完成地址转换工作。但是传统操作系统是极为复杂的，内部包含了上千万行代码。代码越多漏洞越多，因此传统操作系统很难为程序提供一个可靠的运行环境。针对这种情况，相关研究提出了基于沙箱的隔离机制和基于虚拟机(virtual machine，VM)技术的隔离机制。

2.2.1 基于沙箱的隔离机制

现代操作系统中的应用程序良莠不齐，为了检测其影响，沙箱技术被提了出来。沙箱机制通过严格限制非可信程序对系统资源的使用来保障系统的安全，它常常被用来执行那些非可信的程序，通过其严格的安全策略来将沙箱中运行程序造成的影响禁锢在沙箱内，现实中沙箱技术已经有多种实现方案。

操作系统中有些资源对于系统安全至关重要，一旦使用便会对系统安全造成影响，通过拦截对这种系统资源的调用可以保护系统安全，这类沙箱技术典型的有 AppArmor[2]等。

Google 公司结合底层虚拟机(low level virtual machine，LLVM)技术，实现了跨架构的二进制程序沙箱系统 PNaCI[3]。针对现有浏览器脚本的安全问题，文献[4]提出了 Jsand 沙箱，通过开发者设定的安全策略来限制第三方脚本的运行。

沙箱技术的难点在于其安全策略的制定，如果安全策略制定过于严格就会影响沙箱中程序的正常运行，如果安全策略制定得过于简单便起不到安全防范的效果。

2.2.2 基于虚拟机技术的隔离机制

随着可信计算的发展，虚拟机技术也得到了重视，相较于沙箱机制，基于虚拟机技术的隔离机制具有较大的优势，其隔离层虚拟机监视器(virtual machine monitor，VMM)体积较小，对系统性能影响较小，可扩展性强并且接口简单。

Thomas 提出了基于虚拟机的容错系统原型，并提出了虚拟机监视器

(Hypervisor 或 VMM)在安全性方面的两个优势。首先 Hypervisor 运行在客户操作系统底层，为不可信和不安全代码增加了隔离性，其特权等级要高于客户操作系统。其次代码越多，漏洞越多，现代操作系统代码包含上千万行，因此很难没有漏洞，而 Hypervisor 实现的功能较少，代码也少，其稳定性和安全性均高于操作系统。

受 Denali 系统的虚拟机技术的启发，2003 年剑桥大学研发了著名的 XEN 系统，XEN 系统支持 x86、x86_64 和 ARM 系统，具有发展最快、性能最稳定、占用资源最少等优点。XEN 系统通过对 Linux 内核部分代码的修改(将设计系统特权指令的调度改为对虚拟层接口的调度)，使其上运行的操作系统性能达到最优。

在 XEN 系统的基础上，针对虚拟化环境自身体系结构和虚拟机之间内存映射的特点，文献[5]提出一种特权域(Domain0，Dom0)和普通域(DomainU，DomU，即用户域)间可配置的内存隔离方法，实现特权域和普通域间的内存隔离，防止虚拟机和客户机之间的相互攻击，隔离特权域用户利用安全漏洞越权访问其他域内存。

文献[6]对云环境下虚拟机安全隔离运行机制进行了研究，提出了一种基于云模型的同驻虚拟机侧通道攻击威胁度量方法，并在此基础上构建了基于威胁度量的虚拟机隔离运行模型。

随着虚拟机技术的逐步成熟，一些基于虚拟机的安全体系结构也被提了出来，最为典型的是 Terra 系统[7]，Terra 是一种使用虚拟机技术来实现隔离的系统，分为普通虚拟机(common virtual machine，CVM)和安全虚拟机(secure virtual machine，SVM)。普通虚拟机对应的计算环境是 Open-box VMs；安全虚拟机对应的计算环境是 Closed-box VMs，Closed-box VMs 中的程序数据无法被操作系统管理员窥探及操作。Overshadow[8]和 Daoli[9]使用了类似的技术来隔离保护内存和 I/O。Overshadow 不需要对操作系统和应用程序做任何修改；Daoli 相较于 Overshadow，对操作系统进行少量的修改，这样的修改使得其性能损失更小，并且支持 Docker 容器[10]。Daoli 保护下的系统整体结构如图 2.1 所示。

部署在硬件上的可信平台模块(trusted platform module，TPM)对 CSV (CloudSec-V)进行完整性保护，通过在 VMM 和硬件之间插入 CSV，使其运行在虚拟机扩展(virtual machine extension，VMX)根模式，具有软件栈中最高的优先权，有效地监控虚拟平台安全任务。与此同时，将 VMM 运行在虚拟机扩展非根模式，则处于软件栈非特权层，虽然可以有效地管理虚拟化任务，但无权进入 VM 计算环境。若在该层执行特权指令(如进入 VM 计算环境)，则指令流下限为根模式层。

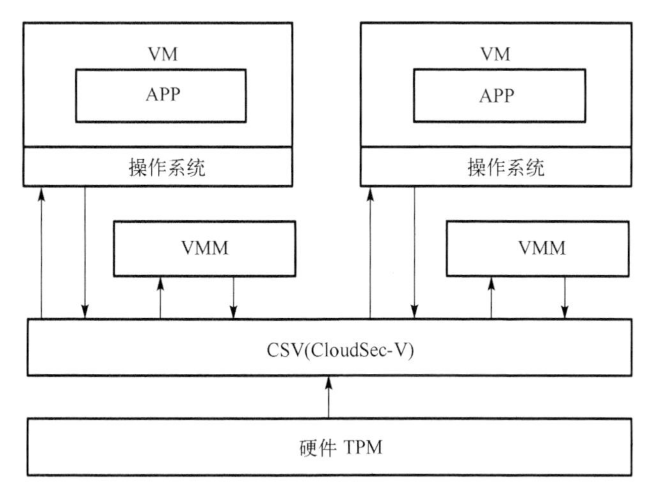

图 2.1　Daoli 保护下的系统整体结构图

2.3　保护方案模型

对于一般的分布式文件系统来说，用户文件元数据信息的交互位于分布式文件系统客户端和元数据服务器之间，用户数据信息的交互位于分布式文件系统客户端和块数据服务器之间。为了保障数据和密钥传输的安全性，本方案引入 SSL 安全连接。但引入 SSL 安全连接传输大文件带来的性能损耗是巨大的，侯清铧等[11]在清华大学 Corsair 平台上进行测试，其方案因多次引用 SSL 连接，以致 700MB 的文件传输会给服务器端带来 11 倍多的性能损失，给客户端带来 6 倍多的性能损失，因此本章尽量减少需要 SSL 安全连接传输的过程。并且在分布式文件系统的特点和要求下，可以得到保护方案模型，如图 2.2 所示。

当用户需要上传数据时，其 SSL 模块首先将数据明文加密，数据在网络传输过程中为密文。到达云端后，在封闭计算环境中先通过 SSL 模块解密出明文，再通过改进的 RSA 算法将明文加密成复杂度高的密文，而后存储至分布式文件系统中的块数据服务器。具体的元数据信息交互过程如下，云图案代表这个网络传输过程依然是不可信的。元数据信息交互过程如图 2.3 所示。

(1)用户首先通过安全存储申请界面向分布式文件系统提出存储请求，并上传数据基本信息如文件大小及文件类别等。

(2)存储请求通过互联网传输至分布式文件系统。

(3)分布式文件系统根据文件大小决定是否需要分块，并向元数据服务器请求各文件块的存储位置。

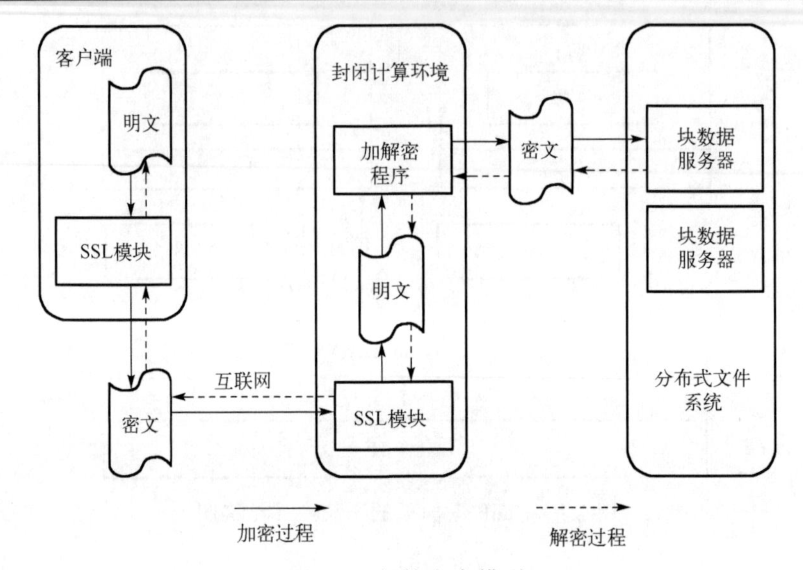

图 2.2　保护方案模型

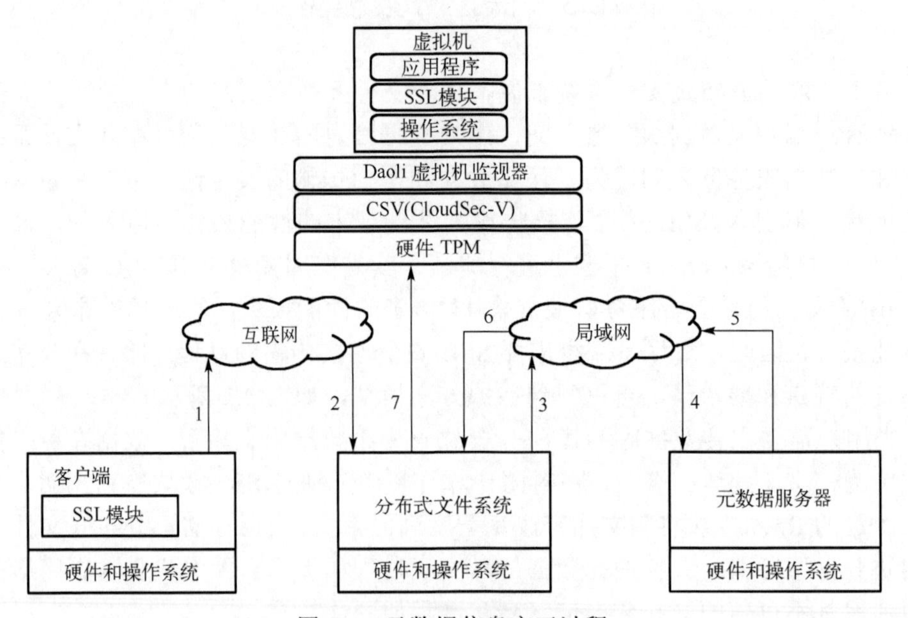

图 2.3　元数据信息交互过程

(4)存储请求通过云端局域网传输至元数据服务器。

(5)元数据服务器向分布式文件系统返回相关信息。

(6)文件元数据信息通过云端局域网传输至分布式文件系统。

(7)分布式文件系统将文件元数据信息转发至封闭计算环境，至此文件元数据信息交互完成。

元数据信息交互完成后，便会进行块数据信息交互，具体过程如图 2.4 所示。

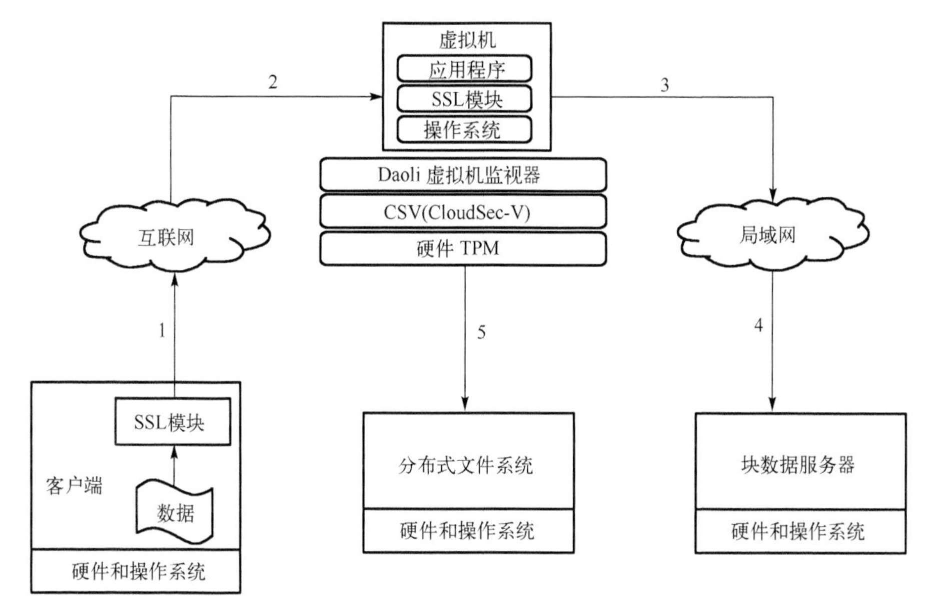

图 2.4　块数据信息交互过程

(1)用户明文数据经过 SSL 模块加密后得到密文，将数据密文及 RSA 公钥上传。

(2)用户密文数据经过互联网传输至封闭计算环境，在封闭计算环境中 SSL 模块将其解密后，再使用用户上传的 RSA 公钥对数据进行加密。

(3)封闭计算环境虚拟机根据指令将文件分块加密或直接加密，然后发送文件块到元数据服务器指定的块数据服务器。

(4)加密后的文件在云端局域网传输至相应块数据服务器。

(5)封闭计算环境将存储完成信息汇报给分布式文件系统，至此文件块数据信息交互完成。

用户数据在进入封闭计算环境前是经过 SSL 协议加密的，经过封闭计算环境加密后，在整个云端传输、存储都是密文形式，可有效地防止云管理员及不良应用的窥探。读取文件则是申请封闭计算环境将数据解密后再经过 SSL 协议传输至用户处，解密密钥由用户提供。

2.4　加/解密算法描述

对于 RSA 公私钥体系来说，要想每次实现密钥的变化，最根本的是通过重新产生大素数来实现一次一密，但是这样实现一次一密密钥的长度比密文还长，性能损耗巨大。因此通过对 RSA 的公钥与私钥上分别附加一个加密密钥和解密密钥来实现密钥的变化，安全性提升虽不如重新产生大素数提升高，但是效率却高出很多。

1) 密钥产生

(1) 选取两个大素数 p 和 q，计算 $n = p \cdot q$，n 可以公开，p 和 q 保密。

(2) 计算 $\Phi(n) = (p-1)(q-1)$，任取 $2 \leqslant e \leqslant \Phi(n)$，且 $\gcd[e, \Phi(n)] = 1$，e 为加密密钥，公开。其中 $\Phi(n)$ 是 n 的欧拉(Euler)函数。

(3) 计算 d，使 $ed = 1 \bmod [\Phi(n)]$，d 为 e 的模反元素，其中 d 为解密密钥，保密。

(4) 初始化 e_0 与 d_0，$2 \leqslant e_0 < n$，取 $d_0 = tn - e_0$（$t \in \mathbb{N}^*$，$\mathbb{N}^*$ 为正整数集）。t 保密，t 不参与加解密，只参与 e_0、d_0 生成和改变。

(5) 以 $\{e, e_0, n\}$ 为公开钥，以 $\{d, d_0, t\}$ 为秘密钥。

(6) 密钥改变。

生成随机整数 v，加密完成后，e_0 通过自身迭代改变，具体为

$$e_{0_{i+1}} = e_{0_i} \cdot (e+v) \bmod tn, \quad i = 0,1,2,\cdots \tag{2.1}$$

解密完成后 d_0 通过自身迭代改变，具体为

$$d_{0_{i+1}} = d_{0_i} \cdot (e+v) \bmod tn, \quad i = 0,1,2,\cdots \tag{2.2}$$

2) 加密

加密时，首先需要对数据明文进行分组，每个分组的信息 m(m 取 ascii 值或 unicode 值) 必须是整数且必须小于 n，加密过程为

$$c = (m^e + e_0) \bmod n \tag{2.3}$$

3) 解密

对密文 c 的解密运算为

$$m = (c + d_0)^d \bmod n \tag{2.4}$$

2.5　安全分析

云存储让用户失去了对数据的绝对控制权，与此同时也带来了其特有的安全隐患。本章将实验方案中的安全隐患分为 3 个方面，分别是传输过程中被截获；存储过程中被获得操作系统权限的应用或者拥有操作系统权限的云服务商或使用

同一台主机的不同租户窃取；存储在块数据服务器上的数据被窃取或破解，即加密密钥的安全性问题。

2.5.1 传输过程安全性分析

为了保障数据在不可信的网络传输中的安全性，本方案使用了 SSL 协议[12]，SSL 在交换数据前通过握手协议来进行安全审查，在交换数据时提供具有机密性、可靠性、完整性的信道，其中机密性由 DES、MD5(message-digest algorithm 5)等加密技术保证，完整性由 X.509 数字证书鉴别。并且在 SSL 3.0 后包含了对 Diffie-Hellman 密钥交换进行短暂加密的支持，通过对服务器端的 Diffie-Hellman 指数的鉴别，可以抵御中间人攻击。

SSL 协议已被各大厂商用于 Web 浏览器和服务器之间的加密数据传输。相较于由用户完成轻量级加密，云端完成强度较大的二次加密来保障传输过程中数据的安全性，采用 SSL 协议不仅能进行安全审查，而且使用起来更加方便，安全性和便捷性都得到了提升。

2.5.2 存储过程安全性分析

存储过程中的安全问题主要分为两方面：一方面是操作系统中应用程序良莠不齐，可能有些程序会获取操作系统权限来盗取数据；另一方面是需要对本身就拥有权限的云管理员进行防范。

首先介绍如何采用 Daoli 实现内存隔离。计算机领域目前最通用的硬件体系结构为 x86 架构，而 x86 架构下的每个进程都会拥有一段虚拟地址空间和一段内存地址空间。内存地址空间存储了虚拟地址空间的寻址和相关属性，操作系统将所有进程地址空间的映射存储在一个页表中，称为页表体系结构。当进程运行时，便通过页表来寻找真正运行的空间，来完成线性地址到物理地址的转换。

而在虚拟机中，客户机的内存地址寻址并非是宿主机(真实机器)的物理地址，非客户机页表能完成客户机物理地址到宿主机物理地址(机器地址)的转换。因此通过虚拟机监视器完成两级地址的转换，将客户机线性地址到物理地址的寻址修正为线性地址到机器地址的寻址，VMM 中这样的页表称为影子页表[13]。转换过程如图 2.5 所示，Guest page table 记录的是客户机中进程线性地址到物理地址转换的页表，P2M table 记录的是 VMM 中进程客户机物理地址到宿主机物理地址(机器地址)的转换，通过影子页表将两级地址之间的对应关系修正为客户机线性地址到宿主机物理地址的直接转换，每次进程地址发生变动均需要更新影子页表。这样客户机想要访问真实内存空间指令需要下限至虚拟机监视器中，从而实现内存隔离，防止操作系统中不良应用的攻击。

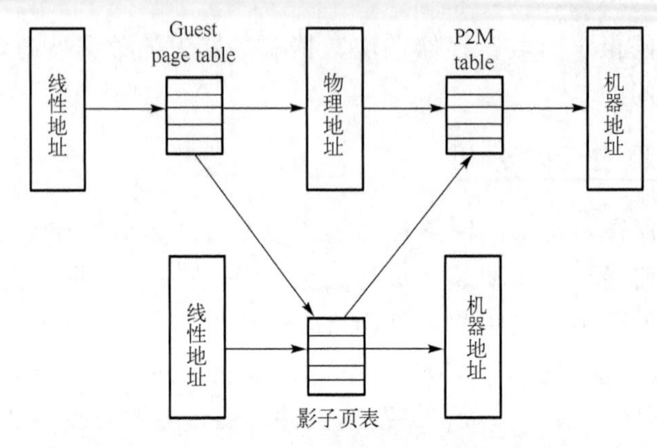

图 2.5　影子页表映射机制

实现内存隔离需要底层运行环境是可信的，而传统操作系统是极为复杂的，内部包含了上千万行代码，代码越多漏洞越多，因此传统操作系统很难为程序提供一个可靠的运行环境。Daoli 使用的可信基是一个仅有 5000 行静态代码的 CSV，对其二进制代码取哈希值，并存入 TPM，当云端为用户分配好宿主机后，通过 Daoli 的 OpenFlow 控制器连通宿主机和客户自身机器，检查者可通过对比 TPM 存入的 CSV 的哈希值来检验其完整性，并监测越权行为。通过安全规则的设置，让虚拟机操作系统中的系统程序和数据加密程序可以获得真实地址空间访问权限，其余陌生程序一概拦截，阻止其获得机器地址，这就将存储过程中操作系统中的不良应用及其他虚拟机中的恶意程序进行了防范。

想要访问进程真正的物理地址需要获得影子页表，由于内核地址空间的特权等级要比用户地址空间高，只有获得操作系统权限才能访问影子页表，因此想要访问映射列表必须切换到内核态，使用特权指令则会被 Daoli 截获，环环相扣实现安全，这就将加密过程中云管理员越权操作进行了防范。而且 Daoli 支持 Docker，每次部署极为方便快捷，Docker 的设计目标就是打包支付，随用随装，最终达到用毕即删。由 CSV 专门管理安全，采用 VMM 管理平台虚拟化任务，实现安全与高效的统一。

相较于直接使用云服务商提供的机器进行加密，引入 VMM 虽然带来了一定的性能损失，但安全性也得到了提升。

2.5.3　加密算法安全性分析

数据存储在块数据服务器上后，加密密钥保证数据不被破解是保障数据安全的关键。要证明改进的 RSA 算法的安全性首先要保证其可用，即证明 RSA 算法的正确性。

1. RSA 算法的正确性

检验 RSA 算法的正确性主要看能否从密文及密钥恢复出原文，即查看

$$m = D(c) = (c + d_0)^d \bmod n$$

是否正确。

证明　$c = (m^e + e_0) \bmod n$，设 $c = (m^e + e_0) - y \cdot n$（$y \in \mathbb{Z}$，$\mathbb{Z}$ 为整数集）。

因为

$$e_0 + d_0 = tn, \quad t \in \mathbb{Z}$$

由解密公式：

$$\begin{aligned} D(c) &= (c + d_0)^d \bmod n \\ &= [(me + e_0) - y \cdot n + d_0]^d \bmod n \\ &= [me + (e_0 + d_0) - y \cdot n]^d \bmod n \\ &= (me + t \cdot n - y \cdot n)^d \bmod n \\ &= [me + (t - y) \cdot n]^d \bmod n \\ &= m^{e \cdot d} \bmod n \end{aligned}$$

由 $e \cdot d = 1 \bmod \Phi(n)$，设

$$e \cdot d = \Phi(n) \cdot k + 1, \quad k \in \mathbb{Z}$$

所以

$$D(c) = m^{e \cdot d} \bmod n = m^{\Phi(n) \cdot k + 1} \bmod n$$

下面分两种情况进行介绍。

(1) m 与 n 互素，那么由 Euler 定理可知

$$m^{\Phi(n)} \equiv 1 \bmod n, \quad m^{\Phi(n) \cdot k} \equiv 1 \bmod n, \quad m^{\Phi(n) \cdot k + 1} \equiv m \bmod n$$

即

$$D(c) = m^{\Phi(n) \cdot k + 1} \bmod n = m \bmod n$$

因为 $m < n$，所以

$$D(c) = m \bmod n = m$$

(2) $\gcd(m,n) \neq 1$，由于 $n = pq$，因此 $\gcd(m,n) \neq 1$ 意味着 m 是 p 的倍数或 q 的倍数，不妨设 $m = cp, \quad c \in \mathbb{N}^*$。此时必有 $\gcd(m,n) = 1$，否则 m 是 q 的倍数，也是 pq 的倍数，与 $m < n = pq$ 矛盾。

由 $\gcd(m,q) = 1$ 及 Euler 定理得

$$m\Phi(q) \equiv 1 \bmod q$$

所以

$$m^{k\Phi(q)} \equiv 1 \bmod q\,,\quad [m^{k\Phi(q)}]\Phi(p) \equiv 1 \bmod q\,,\quad m^{k\Phi(n)} \equiv 1 \bmod q$$

因此存在一个整数 r，使得 $m^{k\Phi(n)} \equiv 1 + rq$，两边同乘以 $m = tp$，得

$$m^{k\Phi(n)+1} = m + rtpq = m + rtn$$

$$m^{k\Phi(n)+1} \equiv m \bmod n$$

因为 $m < n$，所以

$$D(c) = m^{k\Phi(n)+1} \bmod n = m \bmod n = m$$

故算法的解密公式是正确的，密文可以正确地由解密公式恢复成明文。

证毕。

2. RSA 算法的安全性

RSA 算法的可靠性依赖于对极大整数做因数分解的难度。从理论上来说，只要 RSA 算法的密钥长度足够长，现有的计算机硬件是无法暴力破解的，量子计算机盛行后也会受到威胁。从 RSA 算法诞生到现在的几十年里，众多应用已经证明了 RSA 算法的可靠性。本章在其基础上新增加密密钥 e_0 与解密密钥 d_0，$e_0 + d_0 = tn,\ \ t \in \mathbb{Z}$，$t$ 只有用户知道。从理论上攻破 RSA 算法已实属不易，现实中更是难上加难，本章对加密密钥又附加上 e_0，用户每次使用数据都会使用新的密钥进行加密，在用户短暂的两次使用间隔中破解解密密钥是极为困难的。因此可以认为用户数据存储在块数据服务器上是安全的。

2.5.4 安全性对比

本章方案与相关文献中方案的对比如表 2.1 所示。从云存储的发展历程来看，出现较早并被广泛使用的分布式文件系统主要有 GFS(Google file system)[14]和 HDFS(Hadoop distributed file system)[15]，GFS 只有单一文件存储功能，HDFS 虽然具有安全模式，但是进入安全模式后不允许客户端进行任何修改文件的操作，包括上传、删除文件、命名等。

CFS(cryptographic file system)[16]是最早的加密文件系统之一，在 CFS 的基础上研究开发了 Cepheus[17]，Cepheus 提出利用可信第三方来进行用户密钥管理，并引入了锁箱机制用于用户分组管理。在网络环境下需要文件实现分享功能，因此在 Cepheus 基础上衍生了更适合网络存储的文件加密系统 Plutus[18]，它可以在不可信的服务器端实现文件的安全分享功能，将文件根据共享属性来分组，并引入锁盒子机制由客户端负责密钥分发与管理，但是由于其密钥数随着文件分组数

的增加会不断增加，因此系统规模很难扩展。Corslet是一个栈式文件系统，可以直接架在已有的云存储系统之上，可提供端到端的数据私密性、完整性保护、访问控制等功能[19-26]。

表2.1　云数据安全存储方案安全性对比

方案	技术特点	加密机制	加密位置	传输安全	内存安全	外存安全	不足
文献[17]中的方案	将云端操作系统隔离，由虚拟机监控系统完成加密	未提及	云端	部分解决	部分解决	部分解决	数据对分布式文件系统是明文，仍可能泄露给云服务提供商
文献[13]中的方案	将文件基于共享属性相似性分组	公私钥	客户端	解决	解决	解决	密钥随文件数线性增加，系统规模难以扩展
文献[14]中的方案	引入第三方实现密钥管理及加密	对称加密	第三方	部分解决	未解决	部分解决	增加第三方来完成加密工作，加密强度低
文献[22]中的方案	数据隐私性保护及彻底销毁	对称加密+公私钥	客户端	部分解决	解决	解决	只侧重于数据销毁，数据加密工作仍由客户端完成
文献[23]～[25]中的方案	加密算法支持密文查询	可搜索加密	客户端	解决	解决	解决	效率较低，查询语句不够灵活，实用性较差
本章方案	将云端操作系统与分布式文件系统隔离，在封闭计算环境中完成加密	改进的公私钥	云端	解决	解决	解决	暂不支持密文检索

但是以上安全云存储系统其实已经将存储结构分为客户端、服务器、云存储服务提供商3个部分，若用户不能完全信任云存储服务提供商，那么对于第三方实现安全服务的服务器依然心存顾虑，且云计算平台强大的计算能力并未得到使用。

鉴于云环境虚拟化的特点，衍生了着眼于对Hypervisor可信增强的系统如Terra[20]，通过可信Hypervisor实现对虚拟机中的应用程序的度量。但Terra只能对已开启的虚拟机进行保护，且度量精度较粗，只能以虚拟机镜像文件为单位进行度量，且未考虑对通过完整性度量后的可执行程序进行保护。Overshadow[21]也是通过增强Hypervisor可信来为虚拟机中的指定程序提供私密的运行空间，使用Overshadow虽然不用对操作系统及应用程序进行任何修改，但是其性能损失相对来说也会大一些。Dissolver[22]通过Hypervisor可信技术来实现云端数据隐私性保护和彻底销毁，但是数据加密过程需要在客户端完成。本章方案中的Daoli通过TPM对CSV进行完整性保护，以CSV作为可信基，由CSV管理Hypervisor的安全，来解决Terra无法将可信延伸至未开启的VM的问题，并通过对操作系统的少量修改实现比Overshadow更高的效率。

在云端的数据加密后查询变得困难，因此一些研究机构提出了可搜索加密(searchable encryption，SE)。文献[23]提出了云密文数据的模糊查询方法，不需要严格匹配输入的关键字，但是仅支持布尔型查询，难以实现排名排序等操作。

文献[24]与[25]则提出了支持排名查询的SE机制，但是仅支持单个关键字查询且其相关度量化模型的正确性还有待验证，目前SE机制的效率还比较低，且查询语句不够灵活，数据明文中的语义不能准确地转化为查询条件，实用性还有些欠缺。本章的加密算法基于成熟的RSA公钥加密算法，更注重于安全性和高效性，相信随着SE机制的逐步完善，越来越多的云存储系统会将SE机制加入进来。

2.6 性能测试

本章采用OpenStack[26]来进行性能测试，OpenStack是一个由美国国家航空航天局和Rackspace公司合作研发的，以Apache许可证授权的自由软件和开放源代码项目。OpenStack也是一个免费开源的软件平台，通常被部署为基础设施即服务(infrastructure as a service，IaaS)，OpenStack具有部署简单、功能丰富、拓展性强等优点。

2.6.1 OpenStack结构

自从2010年10月21日发布第一个版本Austin以来，已进化到了第15个版本，Ocata功能越来越多，但是核心功能基本维持在以下几个，如图2.6所示。

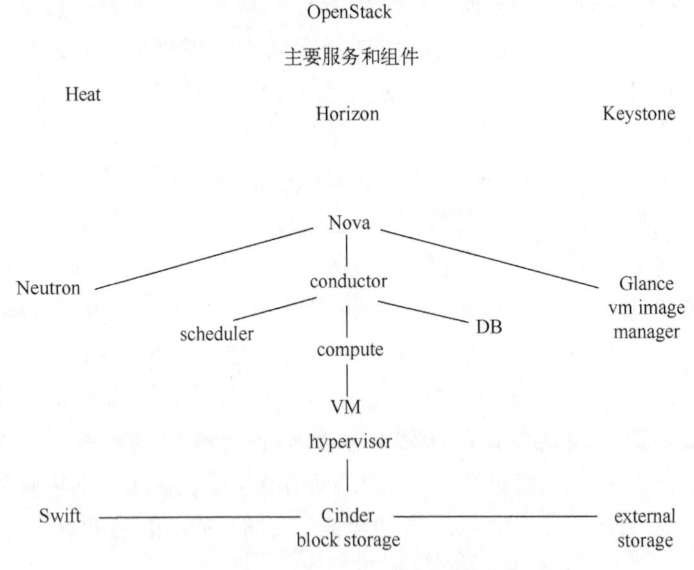

图2.6 OpenStack功能结构图

conductor-一个分布式系统的测试框架；scheduler-调度；compute-计算；VM-虚拟机；hypervisor-虚拟机监视器；DB-数据库

Nova提供计算服务，可以根据用户需求来提供虚拟服务，属于一种结构控制器，负责管理计算资源，可对虚拟机进行多种管理操作，如开关机、调整配置信息等。已有公司提供建立在 Nova 之上的云服务，如惠普公司和 Rackspace 公司。

Glance 提供镜像服务，为磁盘和虚拟机镜像提供管理服务，包括存储、检索、查询虚拟机镜像等，可以创建、上传、删除、编辑镜像，并可以存储和记录无限数量的备份，使用起来相当灵活。

Keystone 提供身份服务，它支持多种形式的身份验证，包括标准的用户名及密码凭据、令牌系统和 AWS-style(如 Amazon Web service)登录。Keystone 提供了一个包含所有 OpenStack 服务的可查询列表，用户和第三方工具可以以编程方式确定它们可以访问哪些资源。

Cinder 提供块存储(block storage)服务，通过在实例上挂载卷来为运行的实例提供稳定高效的数据块存储服务。

Horizon 提供 UI(user interface，用户界面)，OpenStack 中各种服务的 Web 管理门户，通过 Dashboard 将 OpenStack 的各种服务图像化(如配置网络设置、访问规则、启动销毁实例等)，将管理操作简单化。

Heat 提供部署编排，以及云基础设施软件运行环境的自动化部署。

Swift 提供对象存储，以及可靠、高效的分布式文件存储，可为 Cinder 提供卷备份，为 Glance 提供镜像存储服务。

Neutron 提供网络地址管理，管理网络和 IP(internet protocol，互联网协议)地址。为了提高网络服务质量，允许用户创建自己的网络，控制流量，将服务器和设备连接到一个或多个网络，并支持现有的大多数网络厂家的相关技术，使用灵活。

external storage 为外部存储。

2.6.2　实验环境搭建

测试环境：由于本章只进行了数据传输和存储测试，并没有进行高强度的多用户测试，因此实验设备服务器端和客户端均使用实验室普通计算机。服务器硬件配置为戴尔 OptiPlex 3020 微型机，处理器为 Intel Core i5-4590@ 3.30GHz 四核，内存为 8GB(三星 DDR3 1600MHz/海力士 DDR3 1600MHz)，主硬盘为影驰 GX0128ML106-P(128GB 固态硬盘)加希捷 ST500DM002-1BD142 (500GB 机械硬盘)，网卡为瑞昱 RTL8168/8111/8112 Gigabit Ethernet Controller 千兆网卡。部署 OpenStack 的 Linux 系统为 CentOS 6.5，OpenStack 版本为 Juno，通过在服务器端负责 Cinder 块存储的物理主机上部署 Daoli 系统来进行对比，得出性能损耗。

实验部署节点为 3 个，分别是控制、计算、存储节点，OpenStack 实验环境搭建好后如图 2.7 所示。

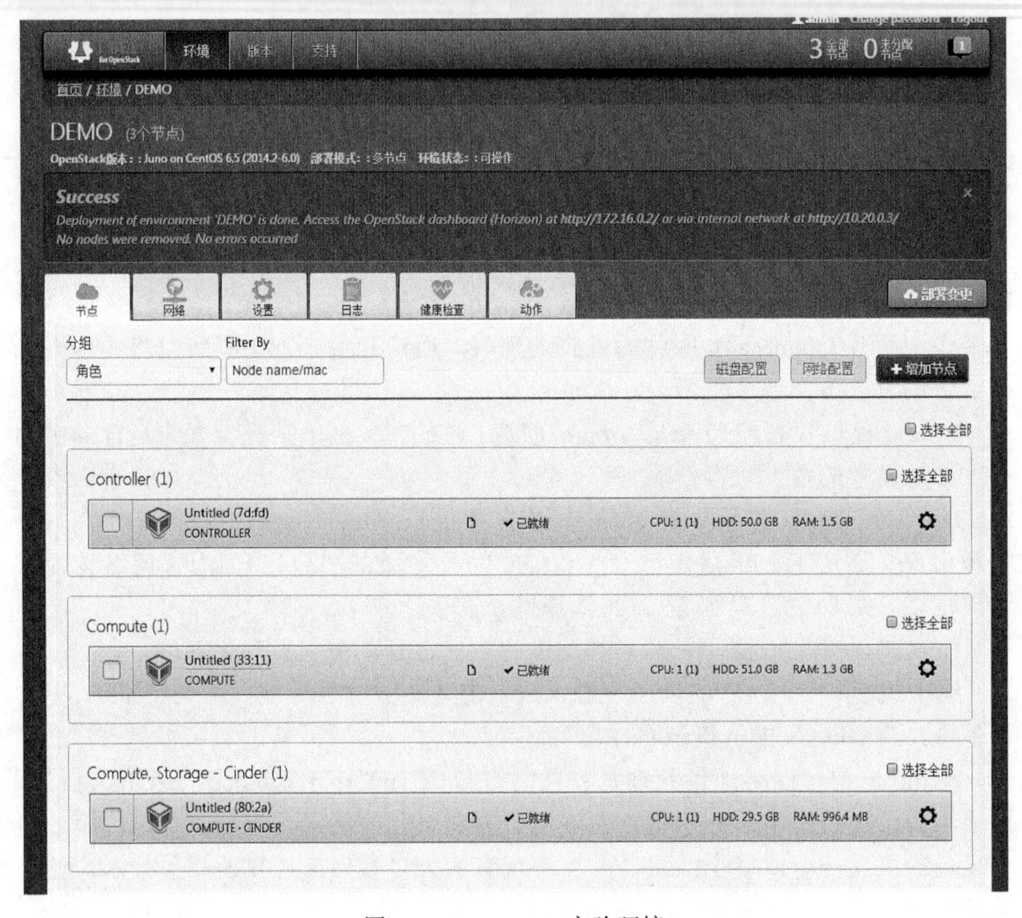

图 2.7　OpenStack 实验环境

进入 OpenStack 控制台后，加载实例运行，实例运行图如图 2.8 所示。

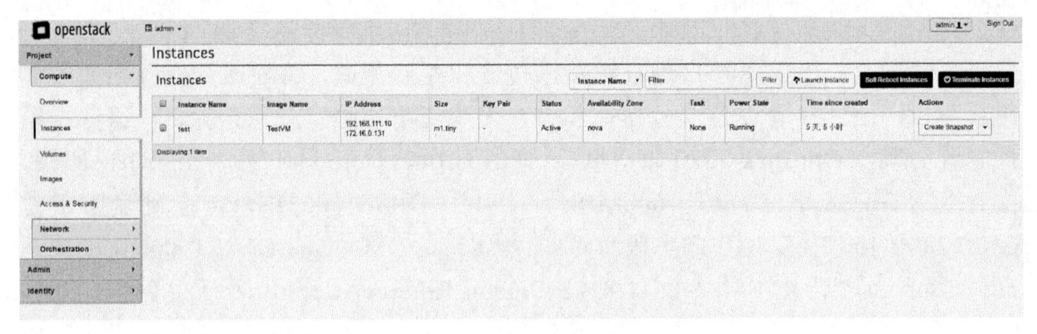

图 2.8　实例运行图

安全规则设置如图 2.9 所示。

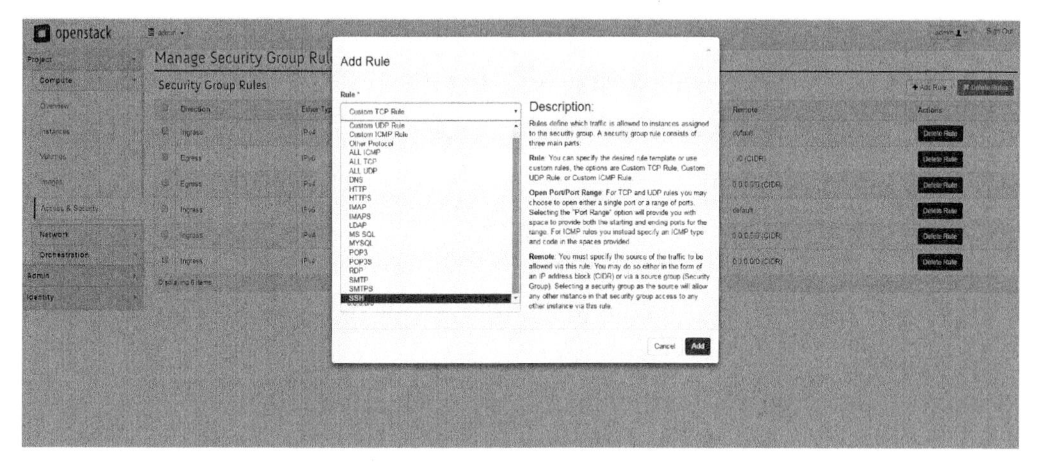

图 2.9　安全规则设置

通过 SecureCRT 登录至运行的实例，并挂载磁盘，如图 2.10 所示。

```
172.16.0.131 (22) - SecureCRT
文件(F) 编辑(E) 查看(V) 选项(O) 传输(T) 脚本(S) 工具(L) 窗口(W) 帮助(H)
172.16.0.131 (22)
loop5              tty1         tty48        ttyS28
loop6              tty10        tty49        ttyS29
loop7              tty11        tty5         ttyS3
mapper             tty12        tty50        ttyS30
mcelog             tty13        tty51        ttyS31
mem                tty14        tty52        ttyS4
net                tty15        tty53        ttyS5
network_latency    tty16        tty54        ttyS6
network_throughput tty17        tty55        ttyS7
null               tty18        tty56        ttyS8
oldmem             tty19        tty57        ttyS9
port               tty2         tty58        ttyprintk
ppp                tty20        tty59        uinput
psaux              tty21        tty6         urandom
ptmx               tty22        tty60        usbmon0
pts                tty23        tty61        usbmon1
ram0               tty24        tty62        vcs
ram1               tty25        tty63        vcs1
ram10              tty26        tty7         vcsa
ram11              tty27        tty8         vcsa1
ram12              tty28        tty9         vda
ram13              tty29        ttyS0        vda1
ram14              tty3         ttyS1        vdb
ram15              tty30        ttyS10       vdb1
ram2               tty31        ttyS11       vga_arbiter
ram3               tty32        ttyS12       zero
$ df
Filesystem          1K-blocks      Used Available Use% Mounted on
/dev                   248172    202000     46172  81% /dev
/dev/vda1               23797     23797         0 100% /
tmpfs                  251748         0    251748   0% /dev/shm
tmpfs                     200        68       132  34% /run
/dev/vdb1             1031064    386084    592604  39% /mnt
$
就绪    ssh2: AES-256-CTR    34, 3   34 行, 80 列  VT100    大写 数字
```

图 2.10　登录至运行实例

2.6.3　性能测试及分析

测试的文件大小为 2～1024MB，其中 Origin 表示不是用 SSL 安全连接且不部署 Daoli 时的性能；With SSL 表示使用 SSL 安全连接时的性能；With SSL and Daoli 表示使用 SSL 安全连接并在服务器端部署 Daoli 后的性能。性能指标采用

CPU 使用率/传输速度，CPU 使用率越高传输速度越小说明此时性能最差，反之，CPU 使用率越低传输速度越大说明此时性能最优。

表 2.2～表 2.4 分别展示了服务器端在原始传输文件时、加入 SSL 安全连接传输文件时、加入 SSL 安全连接和 Daoli 传输文件时的 CPU 使用率、传输速度及 CPU 使用率/传输速度。通过对比可以发现，随着文件大小的增长，服务器端 CPU 使用率是线性增长的，而传输速度在上升达到某一个值之后也趋于平缓。并且 SSL 安全连接在小文件处带来的时间开销比例更大一些，而 Daoli 则对传输速度影响不大。

表 2.2　服务器端在原始传输文件时的性能数据

数据大小/MB	CPU 使用率/%	传输速度/(MB/s)	CPU 使用率/传输速度
2	3.46	1.26	2.74
8	6.69	4.78	1.39
32	11.65	8.77	1.32
128	16.85	9.94	1.69
512	20.68	10.35	1.99
1024	22.39	10.75	2.08

表 2.3　服务器端在加入 SSL 安全连接传输文件时的性能数据

数据大小/MB	CPU 使用率/%	传输速度/(MB/s)	CPU 使用率/传输速度
2	6.67	0.47	14.19
8	14.59	2.59	5.61
32	31.29	3.64	8.59
128	37.24	4.16	8.93
512	43.21	4.34	9.93
1024	58.87	4.54	12.95

表 2.4　服务器端在加入 SSL 安全连接和 Daoli 传输文件时的性能数据

数据大小/MB	CPU 使用率/%	传输速度/(MB/s)	CPU 使用率/传输速度
2	8.44	0.42	20.11
8	18.08	2.57	7.02
32	38.09	3.57	10.66
128	44.44	4.16	10.66
512	50.56	4.31	11.73
1024	70.17	4.50	15.57

从图 2.11 可以得知，在服务器端加入 SSL 安全连接相较于原始传输文件来说带来了 4～7 倍的性能损失，而加入 SSL 安全连接和 Daoli 传输文件相较于加入 SSL 安全连接传输文件则带来了 1.18～1.41 倍的性能损失。

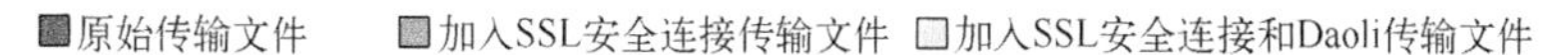

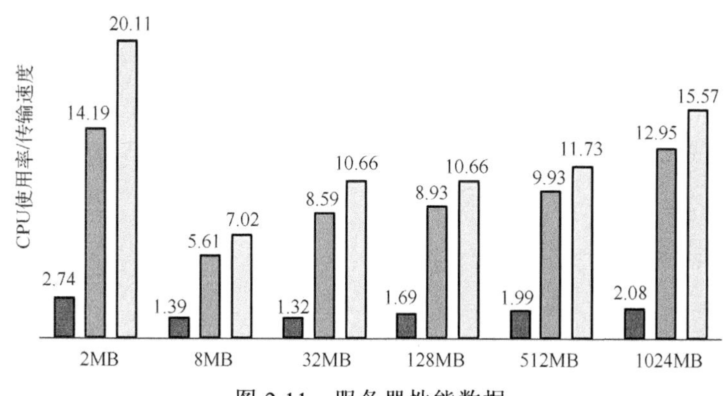

图 2.11　服务器性能数据

表 2.5 和表 2.6 分别表现了客户端在原始传输文件、加入 SSL 安全连接传输文件这两种状态下的 CPU 使用率、传输速度及 CPU 使用率/传输速度。通过对比可以发现，与服务器端类似，随着文件大小的增长，客户端 CPU 使用率也是线性增长的，而传输速度在上升达到某一个值之后也趋于平缓。并且 SSL 安全连接在小文件处带来的时间开销比例更大一些。

表 2.5　客户端在原始传输文件时的性能数据

数据大小/MB	CPU 使用率/%	传输速度/(MB/s)	CPU 使用率/传输速度
2	4.34	1.26	3.44
8	6.65	4.78	1.39
32	12.28	8.77	1.40
128	21.58	9.94	2.17
512	24.57	10.35	2.37
1024	27.65	10.75	2.57

表 2.6　客户端在加入 SSL 安全连接传输文件时的性能数据

数据大小/MB	CPU 使用率/%	传输速度/(MB/s)	CPU 使用率/传输速度
2	6.87	0.47	14.61
8	11.58	2.59	4.46
32	26.23	3.64	7.21

续表

数据大小/MB	CPU 使用率/%	传输速度/(MB/s)	CPU 使用率/传输速度
128	31.98	4.16	7.67
512	36.63	4.34	8.42
1024	49.68	4.54	10.92

从图 2.12 可以看出在客户端加入 SSL 安全连接传输文件相较于原始传输文件来说带来了 3.21～5.14 倍的性能损失。

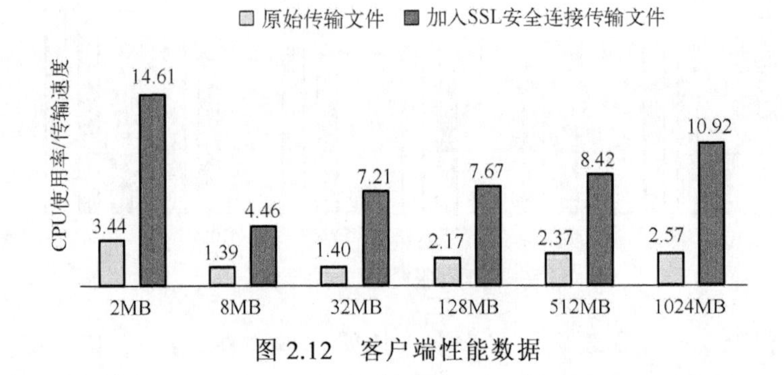

图 2.12　客户端性能数据

2.7　本 章 小 结

随着云计算的发展，云存储也得到了蓬勃的发展。云存储作为一种新兴的网络存储技术，因为能高效、便捷地存取数据而得到用户及企业的青睐。但同时其安全问题也不断出现，成为云存储甚至云计算推广的绊脚石。本章通过对云存储系统结构及安全云存储技术的研究，重点从保障用户机密性的角度出发，结合云环境虚拟化的特点，提出了一种通过虚拟机隔离技术在云端构造封闭环境来完成数据加密的方案，并通过开源云项目 OpenStack 将实验方案部署出来，验证了方案的可行性并进行了性能测试。具体工作如下。

(1) 通过对当前云存储系统结构的研究，发现云存储的核心在于分布式文件系统，因此本章对分布式文件系统结构进行了一些改进，使得数据在存储至块数据服务器之前先进行加密工作，具有一点加密、多点安全存储的优点。

(2) 结合云存储环境虚拟化的特点，通过对虚拟机隔离技术的研究，在云端构造一个封闭的计算环境，通过 SSL 协议安全地传输数据及密钥，在云端封闭环境中完成数据加密工作，有效地利用云服务提供商强大的计算能力。

(3) 结合方案采取的密钥策略，改进了 RSA 公钥加密算法，使其无须产生大素数就能实现密钥变化，云端使用 yoghurt 提供的公钥对数据进行加密之后，私钥还在用户客户端，解密时将旧的私钥和新的公钥一同发送至云端封闭计算环境，保证每次加密后云端均没有解密密钥。

(4)结合安全云存储系统设计原则，将 Daoli 内存隔离原理进行了说明，对 CB-CSS 进行了安全性分析，并和相关方案进行了对比。

(5)为了验证方案的正确性，通过对开源云项目 OpenStack 体系结构的研究，将加密算法成功地部署出来，验证了方案的可行性，并进行了性能测试分析。

参考文献

[1] 赵波，夏忠林，安杨，等. 用于虚拟化环境的进程隔离方法研究与实现[J]. 华中科技大学学报(自然科学版), 2014, 42(11): 74-79.

[2] Canonical. AppArmor: Linux application security framework[EB/OL]. [2017-03-12]. https://launchpad.net/apparmor.

[3] Ansel J, Marchenko P. Language-independent sandboxing of just-in-time compilation and self-modifying code[J]. ACM SIGPLAN Notices, 2011, 46(6): 355-366.

[4] Agten P, Acker S V. JSand: Complete client-side sandboxing of third-party JavaScript without browser modifications[C]. Proceedings of the 28th Annual Computer Security Applications Conference, Orlando, 2012.

[5] 胡志希. Xen 虚拟机内存安全隔离技术研究与设计[D]. 北京：中国舰船研究院, 2016.

[6] 翟红. 云环境下虚拟机安全隔离运行机制研究[D]. 西安：西安建筑科技大学, 2016.

[7] Garfinkel T, Pfaff B, Chow J. Terra: A virtual machine-based platform for trusted computing[C]. ACM SIGOPS Operating Systems Review, New York, 2003: 193-206.

[8] Chen X X, Garfinkel T, Lewis E C. Overshadow: A virtualization-based approach to retrofitting protection in commodity operating systems[J]. ACM SIGPLAN Notices, 2008, 43(3): 2-13.

[9] 毛文波. 可信云安全的原理与应用[C]. 第三届中国云计算大会，北京, 2011.

[10] Dua R, Raja A R, Kakadia D. Virtualization vs containerization to support PaaS[C]. 2014 IEEE International Conference on Cloud Engineering, Sydney, 2014.

[11] 侯清铧，武永卫，郑纬民. 一种保护云存储平台上用户数据私密性的方法[J]. 计算机研究与发展, 2011, 48(7): 1146-1154.

[12] Secure sockets layer [EB/OL]. [2016-11-23]. https://en.wikipedia.org/wiki/Transport_Layer_Security.

[13] 马文琦. 基于虚拟化的多域安全框架及其关键技术研究[D]. 长沙：国防科学技术大学, 2008.

[14] Ghemawat S, Gobioff H, Leung S T. The Google file system[C]. Proceedings of the 19th ACM Symposium on Operating Systems Principles, New York, 2003: 29-43.

[15] HadoopFS[EB/OL]. [2017-02-28]. http://hadoop.apache.org/docs/current/hadoop-project-dist/hadoop-hdfs/HdfsDesign.html.

[16] Blaze M. A cryptographic file system for UNIX[C]. Proceedings of the 1st ACM Conference on Communications and Computing Security, New York, 1993: 9-16.

[17] Group sharing and random access in cryptographic storage file systems[EB/OL]. [2012-05-10]. http://people.cs.umass.edu/～kevinfu/papers/fu-masters.pdf.

[18] Kallahalla M, Riedel E, Swaminathan R, et al. Plutus: Scalable secure file sharing on untrusted storage[C]. Proceedings of the 2nd Conference on File and Storage Technologies, Berkley, 2003.

[19] 吕志泉，张敏，冯登国. 云存储密文访问控制方案[J]. 计算机科学与探索，2011，5(9)：835-844.

[20] Mell P, Grance T. The NIST definition of cloud computing[R]. Washington: National Institute of Standards and Technology(NIST), 2011.

[21] 李晖，孙文海，李凤华，等. 公共云存储服务数据安全及隐私保护技术综述[J]. 计算机研究与发展, 2014, 51(7): 1397-1409.

[22] 张逢喆，陈进，陈海波. 云计算中的数据隐私性保护与自我销毁[J]. 计算机研究与发展, 2011, 48(7): 1155-1167.

[23] Li J, Wang Q, Wang C, et al. Fuzzy keyword search over encrypted data in cloud computing[C]. Proceedings of the INFOCOM Conference, San Diego, 2010: 1-5.

[24] Wang Q, Cao N, Li J, et al. Secure ranked keyword search over encrypted cloud data[C]. Proceedings of the 30th International Conference on Distributed Computing Systems, Genoa, 2010: 253-262.

[25] Wang C, Cao N, Ren K, et al. Enabling secure and efficient ranked keyword search over outsourced cloud data[J]. IEEE Transactions on Parallel and Distributed Systems, 2012, 23(8): 1467-1479.

[26] OpenStack [EB/OL]. [2017-01-10]. https://en.wikipedia.org/wiki/OpenStack.

第 3 章　云环境下基于 CP-ABE 权重属性多中心访问控制方案

当前的云环境不仅平台大、用户多、扩展性高，而且传统的公钥基础设施(public key infrastructure，PKI)机制对证书的操作需要耗费很长时间，所以对云计算环境的高性能是个挑战。本章研究 PKI 与标识密码(identity-based cryptograph，IBC)机制，将 PKI 机制与 IBC 机制结合起来，改变传统的证书的认证授权中心(certification authority，CA)，将 IBC 机制中的私钥生成器(private key generator，PKG)内嵌到 PKI 机制下的 CA 系统，克服传统 PKI 机制中 CA 系统的缺点，从而达到适合云计算环境的目的。

本章主要研究属性加密机制，重点分析多授权中心基于密文策略属性加密，提出适用于云环境下基于密文策略属性基加密(ciphertext policy attribute-based encryption，CP-ABE)权重属性多中心访问控制方案。借鉴层次结构 PKG 思想，首先设计一个适合云计算环境下的多 CA 系统，系统中 CA 系统采用层次结构，详细地给出多 CA 系统架构、初始化、密钥管理、证书管理等。分析表明，采用多 CA 系统较单 CA 系统，可以提高系统的容错率，且更适合于云计算环境，能够满足大量用户同时访问。针对传统属性加密方案中很少考虑属性权重的问题，CP-ABE 方案，将多 CA 系统运用于加密方案中，并对属性进行加权，使相同属性在系统中具有不同权限，并理论证明方案的安全性，在保证系统安全性的同时，使之更具有实际意义。

3.1　多 CA 系统架构

PKI 技术适合传统业务的大规模部署，其主要原因是 PKI 具有集中式管理等特性。当前的云环境不仅平台大、用户多、扩展性高，而且 PKI 技术在云环境中并不适合。于是引入 IBC 机制，IBC 机制相比 PKI 机制来说，不仅具有少量的资源耗费，且 IBC 机制中的身份认证能够弥补 PKI 机制的不足。

2002 年，Gentry 和 Silverbeg[1]为了解决大量用户给 PKG 带来的系统瓶颈问题，对单 PKG 模式进行了增强，以层次结构的形式对其进行改进。本章借鉴层次结构 PKG 思想，设计一种层次结构的多 CA 系统。混合 CA 系统以层次结构结合起来，组成一个多混合 CA 系统。多 CA 系统结构图如图 3.1 所示。

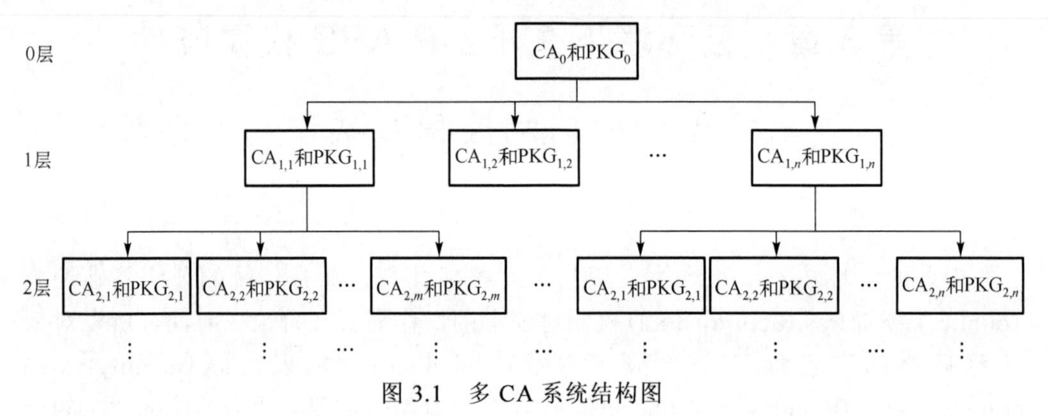

图 3.1　多 CA 系统结构图

3.2　混合 CA 系统的组成

本章将传统的 CA 系统与 PKG 放在一起，组合成一个混合 CA 系统。单个混合 CA 系统结构图如图 3.2 所示。

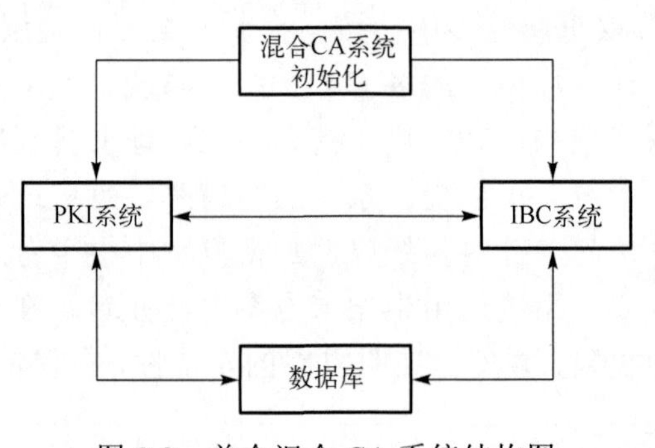

图 3.2　单个混合 CA 系统结构图

(1) 初始化模块：子 CA 系统与根 CA 系统的初始化过程不同，子 CA 系统首先需要等待根 CA 系统做初始化，然后根 CA 系统会将其初始化参数下发给它的所有子 CA 系统，子 CA 系统收到根 CA 系统的初始化参数以后，以根 CA 系统的参数作为输入，进行自身的初始化。

(2) 证书系统模块：主要用于证书的产生、认证等相关操作，同时也需要与 IBC 系统模块进行数据交互。

(3)IBC系统模块：主要包含层次化的PKG机制。

(4)数据库模块：数据库作为一个存储单元，用于证书、私钥等数据信息的存储。

3.3　多CA系统的初始化

1. 根CA系统的初始化

根CA系统就是层次结构中最上层的混合CA系统，系统的初始化是由它开始的，由于其包含了PKI机制与IBC机制，所以初始化过程也是分开进行的。

根CA系统是整个多CA系统的根，它的子CA系统及下层CA系统都是以它的初始化参数进行初始化的，所以其重要性不言而喻。本章采用硬件方式进行初始化，以保证根CA系统初始化过程的安全性，本章采用加密机的方式进行系统的初始化工作，保证根CA系统的安全性。

IBC的初始化过程其实就是PKG的初始化过程，PKG初始化时也需要硬件保护，在加密机中输入安全参数K和系统层数n，输出系统公开参数p与系统主密钥S。

2. 其他CA系统的初始化

除了根CA系统，其他CA系统的初始化需要接受上层的初始化参数，其他的过程与根CA系统一样。

层次结构中PKI机制的初始化过程是依次进行的。本章假设第一层为根，初始化过程应该由第一层开始，然后把参数传递给第二层，第二层既作为第一层的子节点，又作为第三层的根。于是第二层把相关参数传递给第三层，以此类推，直到最后一层。在这个过程中，每一层都需要对根进行认证，以取得相互的信任。本章采用交叉认证的方式，如第一层要与第二层进行认证，需要第一层的CA系统给对方发送一个交叉认证证书，同时第二层返回给对方一个交叉认证证书，交叉认证是对认证双方证书的策略进行互相认证，一方的每一个策略都与另一方每一个策略进行映射。交叉认证证书如图3.3所示。

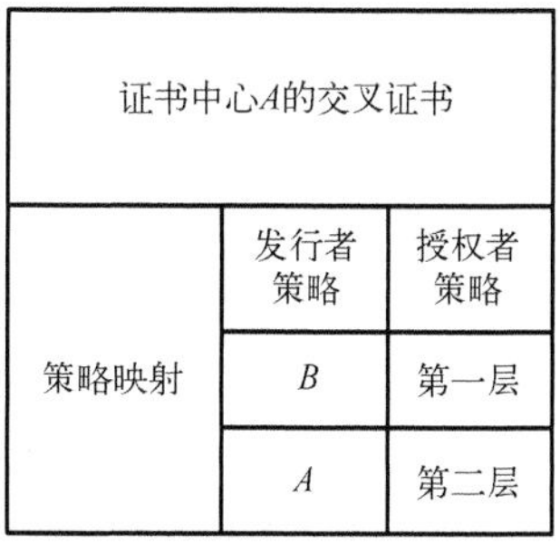

证书中心A的交叉证书		
策略映射	发行者策略	授权者策略
	B	第一层
	A	第二层

图3.3　交叉认证证书

由此可知，在层次化的混合CA系统中，初始化过程不仅由上往下依次进行，且PKI机制与IBC机制的初始化是同时进行的。

3.4　多 CA 系统中混合 CA 系统的密钥管理

1. 用户密钥的产生

在传统的方案中，用户密钥的产生主要分为两种方式：第一种方式是使用者自己选择加密算法，计算公私密钥对，然后把公钥上传，私钥自己存储；第二种方式是用户不进行密钥对的计算，将密钥计算工作外包给 CA 系统进行。CA 系统则采用 RSA 公钥算法进行计算，得到公私密钥对，并将其通过安全信道发送给用户。本章用的密钥对产生程序是 Bouncy Castle，下面的代码是产生公私密钥对的代码：

```
        KeypairGenerator kpGen=KeyPairGenetator.getInstance("RSA",
"BC");
        kpGen.initialize(1024, new SecureRandom());
        KeyPair  kp=kpGen.generateKeyPair();
```

在 PKG 计算过程中，要计算用户私钥，必须要根据公钥来确定，用户公钥即用户上传的身份信息。用户信息作为公钥，通过计算得到私钥，然后由混合 CA 系统将生成的密钥对通过可信通道发送给用户。

可信通道是相互的，用户在上传自身个人信息时也需要用到可信通道。一般可信通道有两种方式：一种方式是在线上，构建一个安全信道，或者是使用加密手段，通过网络传递给混合 CA 系统；另一种方式是在线下，如采用邮局或自己送达等方式，将个人信息上传给混合 CA 系统。

2. 密钥存储

本章的多 CA 系统在密钥存储上分为两方面：一方面是密钥在系统中的存储；另一方面是密钥在系统中的备份。

密钥一般存储在数据库中，密钥以字符串的格式存储，为保证其在数据库中不会受到破坏或者丢失，使用杂凑函数 SHA-1 计算其信息摘要[2]，同样也存储在数据库中，以便在提取密钥时保证密钥的完整性。密钥是整个系统安全的核心，为了安全起见，存储密钥的数据库必须受到严格的保护，首先，数据库必须单独管理，不能与其他数据库互通；其次，访问数据库的人或设备必须严格管理，不仅要确保每一个访问者的身份，还要确保访问者不能对数据库进行复制或者破坏等操作。

密钥的线下备份是指在一定的时间间隔后，将现有的所有密钥数据信息上传到数据库中进行备份，数据库预留一个完全独立的存储空间。密钥的线上备份是指对密钥的数据信息进行实时的备份，主要由一个在线服务器进行该项工作。

使用数据库对密钥进行备份的作用与传统数据备份一样，是为了防止出现意外的损失，将密钥备份在数据库中。如果需要对密钥进行更新操作，则在更新过程中要避免密钥丢失或者密钥损坏现象的出现，备份时还可以使用Hash算法保护数据。

混合CA系统的密钥存储包括两方面：一方面是混合CA系统在初始化过程中产生的证书公私密钥对；另一方面是混合CA系统中的IBC机制产生的用户公私密钥对，将用户的个人信息作为公钥，IBC机制会结合公钥创建私钥。在存储时，密钥对数据是一个将两方面密钥对进行级联产生的数据包。

3.5　多CA系统中混合CA系统的证书管理

1. 证书申请

在多CA系统中混合CA系统的证书申请一般是通过两种方式进行的，一种方式是在线申请，在线申请主要依赖于网络，在网络上收集用户的身份信息，如创建一个表格，让用户填写，然后通过网络上传到混合CA系统，进行证书的申请。另一种方式是离线申请，离线申请是指用户通过现实社会中的书面递交或者是邮寄等方式，将自己的身份信息传递给混合CA系统，从而达到申请证书的目的。两种方式都可以完成证书申请，在申请过程中，如果用户递交的身份信息并没有包含自身的公私密钥对，则混合CA系统会利用身份信息生成一对密钥，采用3.4节提到的用户密钥产生方式。

在用户提交申请之后，混合CA系统会对用户进行查验，如果满足条件，那么可以通过。

2. 证书产生

证书的产生主要是指用户在通过审核之后，混合CA系统需要对用户下发证书。前面提到，在多混合CA系统中，由于其层次结构的特性，初始化过程需要依次进行，由根CA系统依次往下。于是，在混合CA系统产生用户的证书之前，必须先产生这个混合CA系统的根CA系统的证书与密钥对。Bouncy Castle产生证书的代码实现过程如下：

```
        localContentSigner=jcs.buld(headform.getKeypair().getPrivata());
        jcaX509v3CertificateBuilder jx509v3=new jcaX509v3Certificate
Builder(
            Issuser.build(), headform.getSerialnumb(),
            Headform.getDabefore(), headform.getDaafter(),
            Theme.build(), headform.getKeypair().getPublic());
        Jx509v3.addExtension(X509Extensions.KeyUsage,false,newKeyUsage
            (KeyUsage.digitalSignature|KeyUsage.nonRepudiation|
            KeyUsage.keyEncipherment|KeyUsage.datakeyEncipherment|
            KeyUsage.keyAgreement|KeyUsage.digitalSignature|KeyUsage.
            cRLSign|KeyUsage.cRLSign|KeyUsage.encipherOnly));
```

3. 证书存储

在多 CA 系统中，证书的存储方式与密钥的存储方式一致，同时还可以将证书进行备份，以免被他人破坏或篡改证书。在数据库中存储也需要杂凑函数(又称 Hash 函数)的参与，以保证证书的完整性。在服务器中的存储一般是指实时存储，便于用户对证书的下载。

4. 证书分发

在证书的分发阶段，证书可以直接明文发送，因为在 IBC 机制中，证书是一种公钥，本来就是可以公开的数据。所以证书的发放可以在不安全信道中发放，通过 Web 或者文件传送等方式就可以向用户发送申请的证书。

证书的发放可以在不安全的信道中，但是私钥的发放必须在安全的信道中，私钥数据包括了用户私钥——IBC 私钥。发放方式可以分为线上及线下，在线上主要通过网络传递，网络传递风险大，受到恶意攻击的概率较高，但是胜在速度快、成本低。线下发放主要通过邮局等传递，安全风险低，但是效率低、成本高。两种发放方式都需要注重一个问题——数据用户的信息及证书申请请求，然后通过典型的 SSL 下载相应的证书和私钥。

5. 证书撤销列表及公钥黑名单

在实际使用过程中，当证书遇到以下两种情况时，证书就失效。第一种：当用户的个人信息发生变化时，证书就会失效。第二种：当用户的私钥受到安全威胁时，证书就会失效，如私钥泄露等。

证书撤销的方式就目前而言，最主要有两种方式：一是采用证书撤销列表的形式；二是采用在线证书申请的方式。两种方式均可以有效地撤销证书。证书撤销列表如图 3.4 所示。

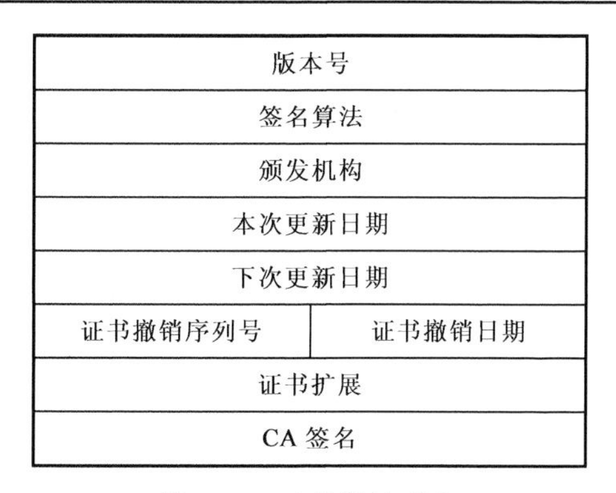

图 3.4　证书撤销列表

当用户的身份信息发生改变时，证书的撤销比较简单。用户只需要通过安全的方式向混合 CA 系统发送已经更改的身份信息，混合 CA 系统接收到新的身份信息以后，首先生成新的证书发给用户，然后发布用户证书撤销列表，撤销列表会撤销旧的用户证书。

当用户的私钥不再保证安全时，不仅威胁证书的安全性，还威胁 IBC 机制的安全性。对于证书的撤销可以用上面提到的两种方式，对于 IBC 的私钥安全性，目前采用的是公钥黑名单的方式。

证书撤销流程如下所示。

(1)用户向最近的混合 CA 系统提出撤销对应证书的请求。

(2)混合 CA 系统审核撤销请求。

(3)审核通过之后，混合 CA 系统发布对应的证书撤销列表(certificate revocation list，CRL)。

(4)用户将对应 IBC 公钥加入黑名单。

IBC 私钥撤销流程如下所示。

(1)用户向最近的混合 CA 系统提出撤销对应私钥的请求。

(2)混合 CA 系统审核其请求并撤销。

(3)混合 CA 系统更新黑名单。

由于混合 CA 系统应用在云计算环境之下，云计算环境的平台大、用户多等特点对混合 CA 系统的处理能力要求比较高。在这方面目前的 CA 系统大致是从两方面进行改进的，一方面是采用 OSCP 服务器，该服务器会在用户访问系统时恢复用户的一个证书状态，如“有效”“过期”“未知”等；另一方面当 OSCP 服务器的访问量过大或者是受到恶意攻击时，OSCP 服务器很可能会宕机，于是采用 CRL 多点部署的方式，可以有效地解决系统过载等宕机问题。

6. 多混合 CA 系统优点

多混合 CA 系统采用的层次模型与传统的单 CA 系统相比，有很大的改进，具体有以下三点。

(1)避免了单 CA 系统的瓶颈。单 CA 系统在云环境中明显是不适合的，单 CA 系统处理能力有限，云环境的数据流量巨大，单 CA 系统很可能会出现宕机，从而影响与 CA 系统相连的其他服务。本章的多 CA 系统结构，在复杂的云环境下有着绝对的优势，云环境中用户访问量大，CA 系统的压力显而易见，层次结构能够缓解 CA 系统的压力，把用户进行分类，一个类对应一部分的 CA 系统，可以使大量用户同时访问。

(2)容错。单 CA 系统在容错方面与多 CA 系统也是不能比的，单 CA 系统如果在服务时出错，则整个系统停止工作。而在多 CA 系统中，其中一个子 CA 系统出现故障，或密钥泄露，只会导致少量用户无法使用，但是这些用户可以分配给这个子 CA 系统进行暂时的处理，不会出现系统宕机的情况，等子 CA 系统恢复工作以后，再将这部分的用户返回这个子 CA 系统。

(3)方便管理。对于单 CA 系统来说，如果需要加入或者是修改 CA 系统的参数及相关数据，则 CA 系统会停止工作，然后进行修改，而多 CA 系统则可以在保证工作的同时，完成 CA 系统的修改工作。

3.6 云环境下基于 CP-ABE 权重属性多中心访问控制方案

现有的多授权中心属性加密方案中，普遍没有考虑属性的权重，然而在实际的云存储访问控制系统中相同属性具有不同的权限，例如，在一个医院中，院长应该比医生具有更大的权限[3]。刘西蒙等[4]首次将权重概念引入属性加密方案中，但是该方案只支持单授权中心，并且不适合云计算环境，其改进方案也只支持单授权中心。Chase 和 Chow[5]提出层次化授权机构权重属性加密方案，该方案使用层次结构的属性授权中心，每个授权中心管理并计算不同权重属性的私钥，实现细粒度访问控制，但是方案没有引入 CA 系统。本章采用新型多 CA 系统，提出一个适用于云环境下基于 CP-ABE 权重属性多中心访问控制方案，并理论证明控制方案的正确性，同时对属性加权，使得控制方案更具有实际意义[5-14]。

3.6.1 预备知识

定义 3.1(权重门限访问结构[6])　U 是所有属性的集合，权重函数：$U\rightarrow\mathbb{N}$(自然数)，$T \in \mathbb{N}$，$\omega(A)=\sum \omega(u)$(ω 为权重值，u 为属性)，且 $\Gamma=\{A \subset U: \omega(A) \geqslant T\}$ (T 为门限)，则 Γ 为 N 的权重门限访问结构。

根节点表示门限值，而叶子节点表示属性的权重值，图 3.5 为一个权重门限访问结构的示例，在访问结构中，存在 3 个叶子节点，分别为一个人的部门、职位和年龄的权重值，设置一个阈值 t，当 3 个叶子节点的权重值之和大于阈值 t 时，属性就满足访问策略。本章假设用户 a 的属性为{部门：信息部；职位：部长；年龄：50}，用户 b 拥有的属性为{部门：销售部；职位：销售员；年龄：30}，属性授权中心为用户 a 的属性赋予权重值为{4, 2, 3}，给用户 b 的属性赋予权重值为{3, 3, 1}，如果在数据拥有者给密文设置的访问结构中必须满足 $t>8$ 的条件，则从图 3.5 中可以看出 $t_a=9>8$，$t_b=7<8$，所以用户 a 可以解出明文，用户 b 不能解出明文。

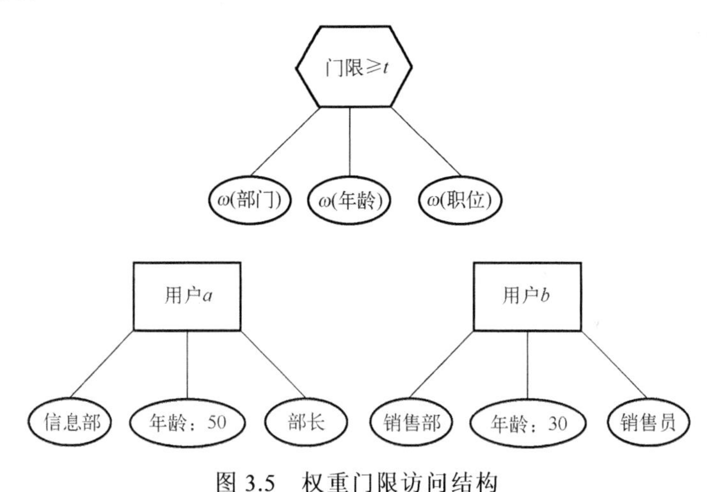

图 3.5　权重门限访问结构

定义 3.2(属性分割算法[7])　输入一个属性集合，系统按照每个属性的重要程度给其赋不等的权重值。集合 $A=\{a_1, a_2,\cdots,a_j\}$中的每个属性 a_j 可以设置最大的权重值是 $\omega_j=\omega(a_j)$，ω_j 是个整数。多个属性授权中心 AA 为各种属性 a_j 分配权重，每个属性 a_j 的分割集是$(a_j, 1)$，$(a_j, 2)$,⋯，(a_j, ω_j)，这些集合称为属性权重分割集 A'。

3.6.2　系统架构

本章系统共包括 5 个实体：数据提供者、云存储服务器、用户、多混合 CA 系统、多个属性授权中心 AA。系统架构图如图 3.6 所示。方案中有 m 个 CA，分别记作 CA_1，CA_2,⋯,CA_m；有 n 个 AA，分别记作 AA_1，AA_2，⋯，AA_n。全部属

性分为 n 个互不相交的集合，每个 AA 都管理一个属性集合。CA 系统不管理任何用户的属性，由于每个用户都有其独有的 gid 值，当用户想要解密文件时，需要找到有关的 CA 系统，由它来生成用户的密钥，AA 的作用是为用户计算属性私钥。

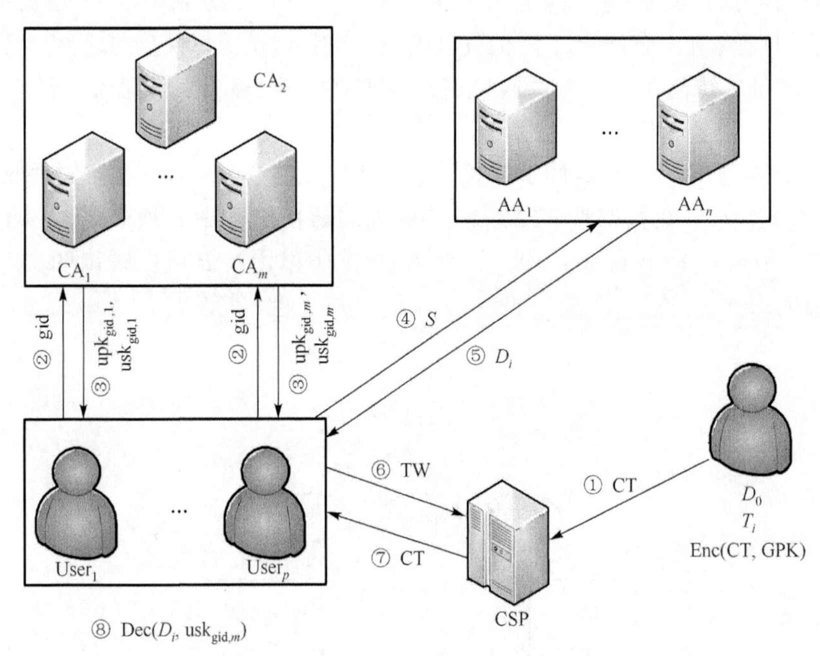

图 3.6　系统架构图

方案流程图如图 3.7 所示。

(1)数据拥有者向云服务商上传密文文件，输入明文 M、属性参数 T_i、系统公钥 GPK，以及权重门限访问结构 Γ，生成密文 CT。

(2)用户向 CA 发送 gid 值。

(3)CA 系统输入 gid 与系统公钥 GPK，生成用户密钥对($\mathrm{upk}_{\mathrm{gid},m}$，$\mathrm{usk}_{\mathrm{gid},m}$)，并发送给用户。

(4)用户向 AA 上传属性集 S(用 AA 的公钥 APK_n 加密)。

(5)AA 根据 S 生成使用者的属性分割集 S'；然后输入 S'、系统公钥 GPK 和用户公钥 $\mathrm{upk}_{\mathrm{gid},m}$，生成属性私钥 D_i；再使用用户公钥 $\mathrm{upk}_{\mathrm{gid},m}$ 加密 D_i 并发送给用户。

(6)用户向云服务商上传陷门 TW(用属性私钥 D_i 加密)。

(7)云服务商向用户进行匹配算法，匹配成功，下发密文 CT。

(8)用户输入用户私钥 $\mathrm{usk}_{\mathrm{gid},m}$、属性私钥 D_i、密文 CT，解密出明文 M。

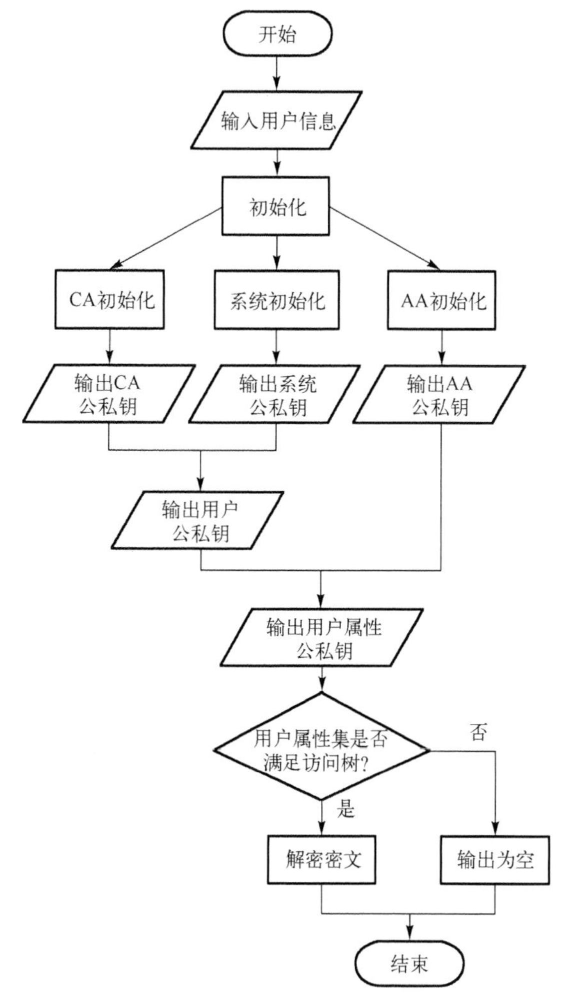

图 3.7　方案流程图

3.6.3　算法设计

本节使用的符号定义及说明如表 3.1 所示。

表 3.1　本节使用的符号定义及说明

符号	说明
GPK，GSK	GPK 为系统公钥，GSK 为系统主密钥
CA	认证授权中心
CPK_m，CSK_m	认证授权中心 m，CPK_m 为认证中心公钥，CSK_m 为认证中心私钥
AA	多个属性授权中心

续表

符号	说明
APK_n，ASK_n	属性授权中心 n，APK_n 为属性授权中心公钥，ASK_n 为属性授权中心私钥
CSP	云服务提供商
M→CT	明文 M 加密后形成密文
TW	陷门
Γ	权重门限访问结构

加密方案包括初始化算法、密钥产生算法、加密算法和解密算法。

1) 初始化算法

(1) G、G_T 是素数 p 阶循环群，e：$G\times G\rightarrow G_T$ 是双线性映射，g 为 G 的生成元。输入一个 1^k，计算 $Y=e(g,g)^y$，输出 GPK 和 GSK。

①随机数 $y\in Z_p$（Z_p 为正整数），$h\in G$，可抗碰撞的哈希函数 H：$\{0,1\}^*\rightarrow Z_p$（表示用 0、1 组合的任意长度的串）。

②输出系统公钥 $\{G, G_T, H, h, e, g, Y\}$，主密钥为 g^y。

(2) CA 系统初始化：由第 m 个认证中心 CA_m 运行，进行其自己的初始化工作。

①CA_m 选择一个随机数 $z\in Z_p$，输入系统公钥 GPK。

②输出 CA_m 的公钥 $CPK_m=e(g,g)^z$，私钥 $CSK_m=g^z$。

(3) AA 初始化：由第 j 个授权中心运行算法。第 j 个属性授权中心管理的属性集为 $A_j=\{a_{j1}, a_{j2},\cdots, a_{jn}\}$，AA 运行算法声称 $A'_j=\{((a_j,1),(a_j,2),\cdots,(a_j,\omega_{j1})),((a_{j2},1),(a_{j2},2),\cdots,(a_{j2},\omega_{j2})),\cdots,((a_{jn},1),(a_{jn},2),\cdots,(a_{jn},\omega_{jn}))\}$，令 $\left|A'_j\right|=n'_j$（n'_j 为集合 A'_j 的大小），从 Z_p^*（非零元素集合）中选前 n'_j 个元素，即 $1,2,\cdots,n'_j(\mathrm{mod})p$，再取随机数 $t_1,t_2,\cdots,t_{n'_j}\in Z_p$，$1<j<n$，经计算得到 $T_j=h^{t_i}(1\leqslant i\leqslant n'_j)$，即为属性分割后属性的权重参数。

①输入全局公钥 GPK、授权中心 j 和 AA_j 负责的属性集 U_j，然后对每个属性 $\gamma\in U_j$，随机取一个数 $\varphi\in Z_p$。

②计算输出为属性授权中心 AA_j 的公钥 $APK_j=\{H=g^\gamma\}_\gamma\in U_j$ 与私钥 $ASK_j=\{\varphi\}_\gamma\in U_j$。

2) 密钥产生算法

(1) 中央授权中心 CA 计算用户密钥：当用户申请加入系统时，由 CA_m 运行算法。

①用户将 gid 值发送给 CA_m，根据全局公钥 GPK 及私钥 GSK，随机选取 $r_{\mathrm{gid},m}\in Z_p$。

②输出为用户的公钥 $upk_{\mathrm{gid},m}=g^{r_{\mathrm{gid},m}}$ 和私钥 $usk_{\mathrm{gid},m}=g^y\cdot h^{r_{\mathrm{gid},m}}$。

(2) 属性授权中心 AA 计算用户属性私钥：由属性授权中心 AA_n 运行算法。

①输入全局公钥 GPK、用户公钥 $\mathrm{upk}_{\mathrm{gid},m}=g^{r_{\mathrm{gid},m}}$ 和用户的属性分割集 S'。

②输出用户属性私钥 $D_i=\mathrm{upk}^{t_i^{-1}}$。

3)加密算法

(1)输入为系统的全局公钥 GPK、加密消息 M、访问树 $\varGamma$、属性参数 T_i。设 W 为叶节点集合，W^*是权重属性分割集。

(2)随机数 $s\in Z_p$，计算 $C_0=g^s$，$C=MY^s=Me(g,g)^{ys}$。

(3)选取一个 t–1 阶多项式 $q(x)$，根节点 $q_r(0)=s$，对每一个叶子节点 $a_{i,j}\in W^*$，计算得出 $C_{i,j}=T_j^{S_i}$，$S_i=q(i)$。

(4)输出密文：CT=($C_0, C_1, \varGamma, C_{j,i}$：$\forall a_{i,j}\in W^*$)。

4)解密算法

首先验证属性是否满足访问策略，如果不满足，则返回⊥；如果属性满足，则访问策略计算为

$$\frac{e(\mathrm{usk}_{\mathrm{gid},m},C_0)}{\prod\limits_{a_{(j\in k)}}[e(C_{j,i},D_j)]^{\varDelta_{i,k}(0)}}=\frac{e(g^y\cdot h^{r_{\mathrm{gid},m}},g^s)}{\prod\limits_{a_{(j\in k)}}[e(h^{t_j s_i},g^{r_{\mathrm{gid},m}t_j^{-1}})]^{\varDelta_{i,k}(0)}}=\frac{e(g,g)^{ys}e(h,g)^{r_{\mathrm{gid},m}}}{e(h,g)^{r_{\mathrm{gid},m}s}}$$

$$=e(g,g)^{ys}$$

然后可以根据 $M=\dfrac{C_1}{e(g,g)^{ys}}$ 恢复出明文。

3.6.4 系统设计

基于多授权中心的访问控制系统模型如图3.8所示。

(1)系统初始化。输入安全参数 k，输出系统公钥 GPK。每个授权中心都进行初始化工作，输出各个授权中心的公钥。

(2)新文件生成。数据提供者输入明文 M、系统公钥 GPK、权重门限访问结构 $\varGamma$ 和需要的加密属性公钥，再调用加密算法，生成密文后上传到 CSP。

(3)新用户加入。当出现一个新的用户时，对应的 CA 根据用户的 gid 值生成用户的密钥对。AA 与用户进行数据交流，产生用户的属性私钥。

(4)用户的撤销。本章采用文献[15]中一种针对 CP-ABE 密钥的更新思路，AA 给每个用户一个时间戳属性 X，从而使系统方便对用户进行撤销操作，时间信息 B 内嵌在密文内的访问策略中，用户只有满足数据拥有者规定的访问权限，并且时间戳必须满足数据拥有者给出的时间规定才能解密。

(5)文件访问。用户访问云服务器并将文件下载到本地，然后调用解密算法，

输入用户私钥、属性私钥，只有当用户私钥中的属性权重集符合密文中的权重门限访问结构时才可以正确恢复明文，否则就不能解密。

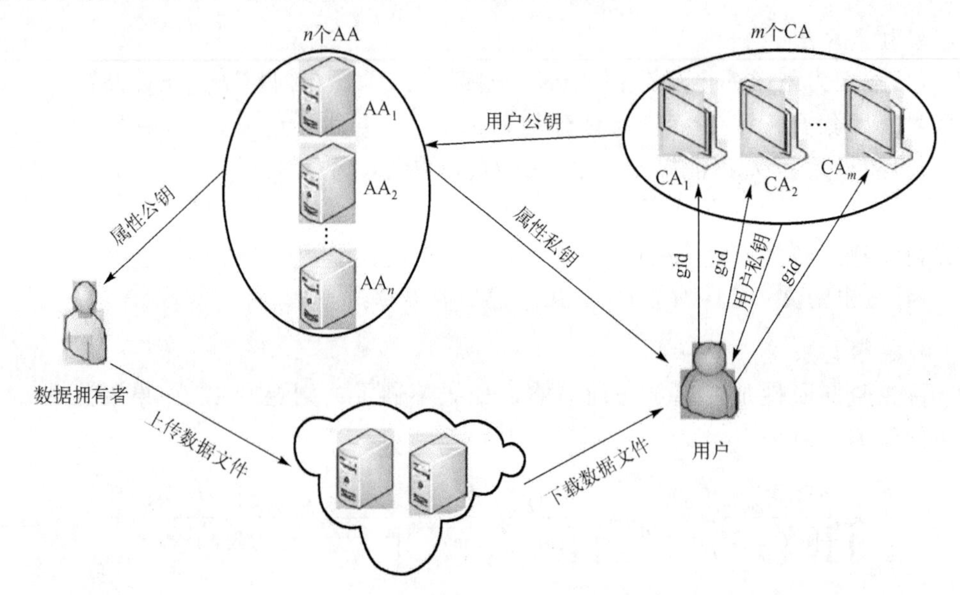

图 3.8　基于多授权中心的访问控制系统模型

3.7　安全性分析

3.7.1　系统的安全性

本系统的困难性问题可以归约为判定性双线性 Diffie-Hellman 假设，归约定理如下：若敌手能够以不可忽略的优势攻破本章系统模型，那么能够构造一个模拟器以不可忽略的优势攻破判定性双线性 Diffie-Hellman 假设困难问题。其证明过程如下。

证明　如果存在一个敌手 A，可以在多项式时间内破解本章方案的优势为 ε，则存在一个模拟器可以在多项式时间内，以 $\frac{\varepsilon}{2}$ 的优势破解判定双线性 Diffie-Hellman 假设。

模拟步骤如下：首先挑战者生成系统参数，包括群 G 和 G_T、双线性映射 e 和生成元 g。然后挑战者随机选择 $b \leftarrow \{0, 1\}$。如果 b=0，对于随机的 a, b, c, z，则挑战者(A, B, C, Z)为$(g^a, g^b, g^c, e(g, g)^{abc})$；如果 b=1，挑战者则将(A, B, C, Z)设定为$(g^a, g^b, g^c, e(g, g)^z)$。并且假定属性集的全体 Γ 已经被定义。

初始化：模拟器 B 对所有属性进行权重分割，得到 Γ^*，敌手 A 给模拟器 B 发送一个属性集合 W，模拟器 B 对敌手 A 发送的属性集合 W 进行权重分割运算，得到属性权重分割集 W^*。

系统建立：公钥参数为 $Y=e(a, A)=e(g, g)^a$。对于所有的 $i\in W^*$，模拟器 B 随机选择 $\beta_i\in Z_p$，并且令 $T_i=C^{\beta_i}=g^{c\beta_i}$。对于所有的 $i\in\Gamma^*-W^*$，随机选择 $\omega_i\in Z_p$，并且令 $T_i=g^{\omega_i}$。模拟器 B 随后将随机产生的公开参数交给敌手 A。

阶段 1：敌手 A 请求包含属性分割集 S^* 的私钥 γ，并且满足 $|S^*\cap W^*|<d$。定义以下 3 个集合：Ω、Ω' 和 K。定义 $\Omega=S^*\cap W^*$。Ω' 为任意满足的集合并且满足 $|\Omega'|=d-1$，集合 K 满足 $K=\Omega'\cap\{0\}$。接下来，在 $i\in\Omega'$ 下定义 D_i。

若 i 满足 $i\in\Omega$，那么 $D_i=g^{S_i}$，其中 S_i 为 Z_p 上的随机元素。若 i 满足 $i\in\Omega'-\Omega$，那么 $D_i=g^{\frac{\eta_i}{\omega_i}}$，其中，$\omega_i$ 为 Z_p 上的随机元素。

随机选择 $d-1$ 次多项式 $q(x)$，其中的 $d-1$ 个点随机选取且令 $q(0)=a$。对于 $i\in\Omega$，有 $q(i)=c\beta_iS_i$，对于 $i\in\Omega'-\Omega$，有 $q_i=\eta_i$。

对于 $i\notin\Omega'$，模拟器计算 D_i 如下：

$$D_i=\left[\prod_{j\in\Omega}C^{\frac{\beta_i s_j\Delta_{j,k}(i)}{\omega_i}}\right]\left[\prod_{j\in\Omega'-\Omega}C^{\frac{\eta_j\Delta_{j,k}(i)}{\omega_i}}\right]A^{\frac{\Delta_{0,k}(i)}{\omega_i}}$$

通过插值法，模拟器就可以计算出对于 $i\notin\Omega'$，有 $D_i=g^{\frac{\eta_i}{\omega_i}}$。由此能够证明模拟器 B 能够生成与本章系统一样的属性私钥。

挑战：敌手 A 随机选择两个消息 m_0 与 m_1 给模拟器 B，模拟器通过掷硬币的方式进行随机选择，并且返回 m 的加密值，密文的输出为

$$\mathrm{CT}=\{\Pi, E'\}=m_\mu Z, \forall i\in S^*: E=B^{\beta_i}$$

当 $b=0$ 时，由前面可知 $Z=e(g,g)^{abc}$。令 $r'=\frac{b}{c}$，那么 $E'=m_\mu Z=m_\mu e(g,g)^{abc}=m_\mu Yr'$，并且 $E_i=B^{\beta_i}=g^{\frac{b}{c}c\beta_i}=T_ir'$，由此结果可知，密文是对随机消息 m_u 的随机加密。

当 $b=1$ 时，由前面可知 $Z=e(g,g)^c$。有 $E'=m_\mu e(g,g)^c$。由于 z 是随机的，那么 E' 没有包含任何 m_μ 的信息。

阶段 2：与阶段 1 相同。

猜测：敌手 A 对 μ 进行猜想，得到 μ'。

当 b=1 时，敌手没有得到关于 μ 的任何信息，因此 $\Pr[\mu \neq \mu' | b=1]=\frac{1}{2}$。由于当 $\mu=\mu'$ 时，b=1，那么有 $\Pr[\mu \neq \mu' | b=1]=\frac{1}{2}$。

当 b=0 时，敌手 A 就能够窥探 m_μ，敌手 A 在窥探 m_μ 的秘密后攻破方案的优势为 ε。因此，$\Pr[\mu \neq \mu' | b=1]=\frac{1}{2}+\varepsilon$，又因为在 $\mu=\mu'$ 时，有 b'=0，因此有 $\Pr[\mu \neq \mu' | b=1]=\frac{1}{2}+\varepsilon$。模拟器 B 模拟判定线性的双线性假设游戏的优势为 $\Pr[\mu \neq \mu' | b=1]+\Pr[\mu \neq \mu' | b=0]-\frac{1}{2}=\frac{1}{2}\varepsilon$。证毕。

3.7.2 抗共谋安全性

方案中每个用户都有自己独有的 gid，CA 根据用户的 gid 值及输入的随机数 $r_{\mathrm{gid},m}$，生成用户的私钥 $\mathrm{usk}_{\mathrm{gid},m}= g^{y}\cdot h^{r_{\mathrm{gid},m}}$，在解密算法 $\frac{e(\mathrm{usk}_{\mathrm{gid},m}, C_1)}{\prod_{a_{(j\in k)}} (e(C_{j,i}, D_j))^{\Delta_{i,k}(0)}}$ 参数 $\mathrm{usk}_{\mathrm{gid},m}$ 中植入了随机值，所以不同用户无法合谋获取信息[15]。

3.8 方案对比

在现在云计算环境下，单 CA 系统的存在显然已经无法满足实际的需要，再加上现有的基于属性的加密方案中很少考虑属性权重的问题，本章提出了一个多 CA 系统的基于 CP-ABE 的权重属性多中心访问控制方案。陈军军[3]提出的多授权中心基于属性的加密方案，支持多 CA 系统多 AA，解密需要用户私钥及属性私钥共同完成，每个 CA 系统都针对用户 gid 值生成用户密钥对，但是一旦有一个 CA 系统受到攻击，那么就无法解密明文，且方案没有引入属性权重。陈文聪等[8]提出了基于密文策略的多授权中心权重加密方案，该方案采用了无 CA 系统的加密机制，但是该方案用户的系统密钥及属性私钥都由属性授权中心计算，这样必然会导致单个授权中心的计算量非常大，而单个授权中心负荷过大，有可能会导致 AA 崩溃。刘西蒙等[9]引入属性权重，但文献[9]中的方案只支持单授权中心，其改进方案[4]将之前方案引入云计算环境下，同样引入了属性权重，但是也仅仅支持单授权中心。如表 3.2 所示，将本章方案与现有方案进行了对比，证明了本章方案的正确性，又对属性进行加权，使本章方案更具有实际意义。

表 3.2　方案对比

相关文献	是否适用云环境	多授权中心	属性是否加权
文献[3]	×	√	×
文献[9]	×	×	√
文献[8]	×	√	√
文献[4]	√	×	√
本章方案	√	√	√

3.9 本章小结

本章设计了一个云计算环境下基于 CP-ABE 权重属性多中心加密方案，因混合 CA 系统融合了 PKI 机制和 IBC 机制的优点，又采用了层次化机构，使其更适用于云环境；层次化结构设计更避免了单 CA 系统给系统带来的瓶颈问题，提高了系统的容错率，假如一个 CA 系统出现宕机，可以马上让其他 CA 系统替代宕机的 CA 系统；同时在方案中引入属性权重，使方案更具有实际意义，并理论证明方案的安全性。

参考文献

[1] Gentry C, Silverberg A. Hierarchical ID-based cryptography[J]. Advances in Cryptology-ASIACRYPT, 2002, 82(4): 548-566.

[2] 张松敏, 陶荣, 于国华. 安全散列算法 SHA-1 的研究[J]. 计算机安全, 2010(10): 3-5.

[3] 陈军军. 多授权中心基于属性的签名及加密算法研究[D]. 南京: 南京邮电大学, 2014.

[4] 刘西蒙, 马建峰, 熊金波. 云计算环境下基于密文策略的权重属性加密方案[J]. 四川大学学报(工程科学版), 2013, 45(6): 21-26.

[5] Chase M, Chow S S M. Improving privacy and security in multi-authority attribute based encryption[C]. Proceedings of the 16th ACM Conference on Computer and Communications Security, New York, 2009: 121-130.

[6] 李谢华, 周茂仁, 刘婷. 云存储中基于 MA-ABE 的访问控制方案[J]. 计算机科学, 2017, 44(2): 176-181.

[7] 雷丽楠, 李勇. 基于密文策略属性基加密的多授权中心访问控制方案[J]. 计算机应用研究, 2018, 35(1): 6.

[8] 陈文聪, 张应辉, 郑东. 基于密文策略的权重多中心属性加密方案[J]. 桂林电子科技大学学报, 2015, 35(5): 386-390.

[9] 刘西蒙, 马建峰, 熊金波, 等. 密文策略的权重属性基加密方案[J]. 西安交通大学学报, 2013, 47(8): 44-48.

[10] Beimel A. Secure schemes for secret and key distribution[D]. Haifa: Israel Institute of Technology,1996.

[11] Beimel A, Tassa T, Weinreb E. Characterizing ideal weighted threshold secret sharing[C]. International Conference on Theory of Cryptography, Berlin, 2005: 600-619.

[12] Shacham H, Waters B. Efficient ring signatures without random oracles[C]. International Conference on Practice and Theory in Public-key Cryptography, Berlin, 2007.

[13] Doshi N, Jinwala D. Constant ciphertext length in multi-authority ciphertext policy attribute based encryption[C]. International Conference on Computer and Communication Technology, Berlin, 2011: 515-523.

[14] Li J, Huang Q, Chen X, et al. Multi-authority ciphertext-policy attribute-based encryption with accountability[J]. ACM Symposium on Information, Hong Kong, 2011.

[15] Rackoff C, Simon D. Non-interactive zero-knowledge proof of knowledge and chosen ciphertext attack[J]. Advances in Cryptology, 1991, 576: 433-444.

第4章　基于DDCT的云数据完整性验证方案

在云存储环境下，云数据采用多副本存储已经成为一种流行的应用，但同时用户也失去对数据副本的控制权，不可信的云服务商为了商业利益，会把使用频率少的副本数据删除。为保证用户数据的安全性，有必要对多副本数据进行完整性审计。

针对恶意云服务提供商威胁云副本数据安全问题，本章提出了一种基于DDCT(dynamic divide and conquer table)的多副本完整性审计(dynamic multiple copies integrity audit，DMCIA)方案。引入DDCT来解决数据动态操作问题，同时表中存储副本数据的块号、版本号和时间戳等信息。首先，为抵制恶意云服务商攻击，本章设计一种基于时间戳的副本数据签名认证算法。然后，本章提出包括区块头和区块体的副本区块概念，区块头存储副本数据的基于时间戳识别认证的签名信息，区块体存放加密的副本数据。最后，委托第三方审计机构采用基于副本时间戳的签名认证算法来审计云端多副本数据的完整性。通过安全性分析和实验对比，本章方案不仅能有效地防范恶意存储节点之间的攻击，还能防止将多副本数据泄露给第三方审计机构。

4.1　整体结构

4.1.1　系统模型

云存储环境下多副本审计方案的整体框架主要包括数据拥有者、密钥管理中心、云服务提供商和第三方审计机构，如图4.1所示。用户在上传数据的同时对数据进行加密、生成多副本和数据块标签、下达审计信息及接收第三方审计机构返回的审计报告；密钥管理中心的主要任务是给数据拥有者提供数据加密时的公私密钥对；云服务提供商主要是存储数据拥有者上传的数据及响应第三方审计者的挑战信息；第三方审计机构的作用是基于挑战应答模式，采用随机抽样的方法检测云端多副本数据的完整性。

4.1.2　敌手攻击模型

本章为方案构建敌手攻击信息，其中主要包括敌手 A、挑战者和模拟器 S，过程如图4.1所示。

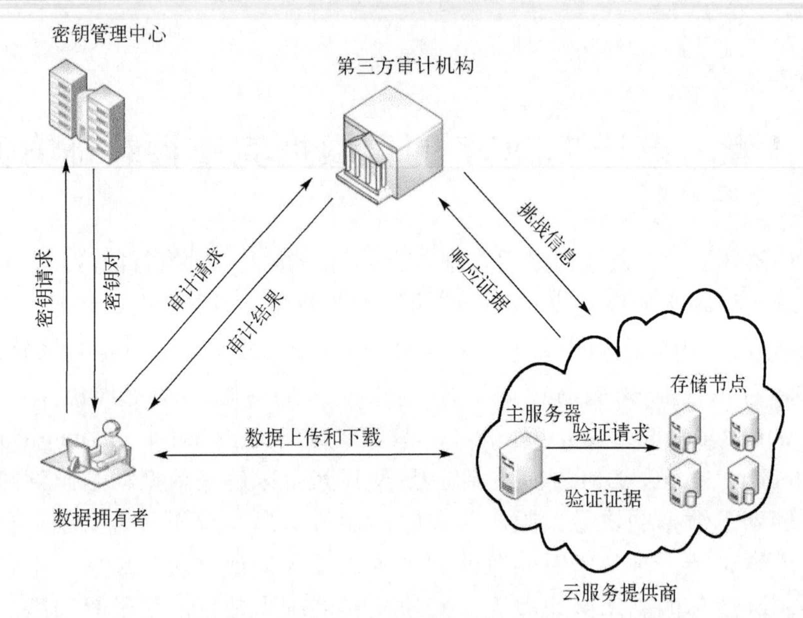

图 4.1　系统整体框架

(1)挑战者运行初始化算法产生公私钥对，然后将公钥发送敌手 A，保存私钥。

(2)敌手 A 可以向挑战者进行一系列的询问，主要包括：时间戳询问和标签询问。

①时间戳询问：敌手 A 询问用任意数据块的时间戳生成的私钥。挑战者根据时间计算私钥并发送给敌手 A。

②标签询问：敌手 A 根据已获时间戳私钥询问数据块的标签。挑战者根据收到的信息计算数据块的标签并返回给敌手 A。

(3)敌手 A 通过获得的标签和数据块时间戳私钥，获得数据块的证据。挑战者充当第三方审计机构，若获取的证据可以欺骗第三方审计机构，则敌手 A 获胜，否则敌手 A 失败。

4.1.3　设计目标

针对目前多副本数据安全性审计存在的挑战，提出 DMCIA 方案，主要设计目标如下。

(1)为解决数据动态操作问题，文件上传云端前先进行分块处理，然后采用 DDCT 记录副本数据块的块号、版本号和时间戳等信息，同时借助 DDCT 的结构来实现数据块的修改、插入和删除操作。

(2)借鉴区块链思想，设计区块头和区块体的副本区块(copy block chain，CBC)。其中区块头存储副本数据基于时间戳的签名信息；区块体存储加密的数据副本。

(3) 为了有效地抵制恶意云服务器的攻击，本节设计一种基于时间戳的多副本数据签名认证机制。首先每个副本数据都有唯一识别的时间戳，对时间戳进行签名后，将其存放到区块的区块头中；然后借助第三方审计机构对云存储的多副本数据进行完整性审计。

(4) 安全性分析时，通过敌手模拟游戏证明本章方案提出的基于时间戳的签名识别机制是安全的，能有效地防止恶意云服务器的攻击。

4.2　DDCT 的设计

4.2.1　符号及意义

本章所用符号与意义如表 4.1 所示。

表 4.1　本章所用符号与意义

符号	意义
g	群的基本生成元
α	大整数
P_{pub}	标签私钥
ssk	文件加密私钥
spk	文件加密公钥
F	文件
t	副本数量
C	密文
n	文件分块数
m_{ij}	表示第 i 个副本第 j 个数据块
S	时间戳哈希值
r	时间戳私钥
H_1、H_2、H_3	哈希函数
η	大整数
w	属性集合
σ_{ij}	表示第 i 个副本第 j 个数据块的标签值
TS	时间戳
I	抽样数据块集合
c	抽样数据块数

续表

符号	意义
v_{ij}	随机数
pf	数据时间戳证据
Proof	标签证据
m'	待验证数据标签值
$e(\cdot)$	线性映射

4.2.2 DDCT

本章方案设计 DDCT 来存储外包到云服务器的副本信息。DDCT 的设计如下。

(1) DDCT 的行号用符号 No 表示。

(2) 数据块在文件分块后的块号用符号 BNo 表示。

(3) 数据块版本号用符号 Vn 表示，初始值为 1，对数据块每执行一次动态操作后版本号加 1。

(4) 数据块生成时间用 Time 表示，时间列里存储的数据为一个二元组，如 $F_{\mathrm{id}}\langle x, y\rangle$，$F_{\mathrm{id}}$ 表示文件的唯一识别标识，x 表示副本号，y 表示此副本数据块生成时的时间戳。

(5) DDCT 存储数据块的块号的范围用符号 range 表示，例如，$1 \leqslant \text{range} \leqslant 5$ 表示此数据块开始块号为 1，结束块号为 5。

4.3 副本区块的设计

副本区块的设计结构如图 4.2 所示，包括区块头和区块体。其中区块头主要存储时间戳签名，而区块体存储加密数据。

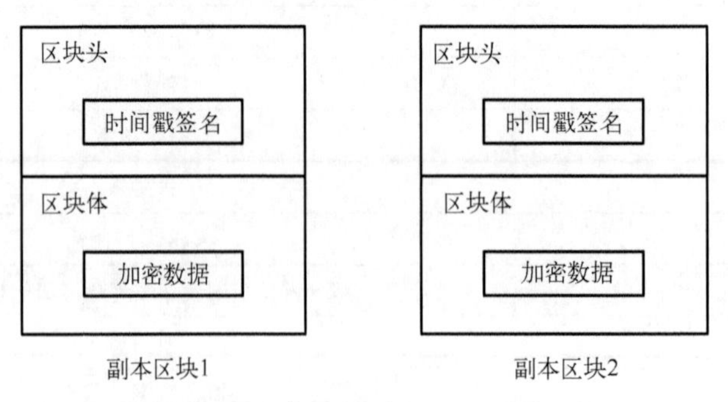

图 4.2　副本区块的设计结构

4.4　动 态 操 作

4.4.1　数据修改

运用 DDCT 数据表结构，将存储到表结构中的第 i 个数据块 $f[i]$修改为 $f'[i]$，其基本步骤如下(以后不做特殊说明都只选取 DDCT 分表的一部分作为示例，副本生成时间数据暂且用符号 t_i 表示，$1\leqslant i\leqslant m$)。

(1) 在 DDCT 中进行搜索，找到对应序号为 i 的数据块。

(2) 首先运行数据加密算法对数据进行加密，其次计算加密后数据块的标签 σ_{ij}，然后再从 DDCT 读出副本相应的信息，分别封装到区块头和区块体，组成副本数据。

(3) 客户端生成一个 $X(f'[i], B\mathrm{No}, F_{\mathrm{id}})$ 的修改信息集，发给云服务提供商。

(4) 云服务提供商接收到信息后，用新的数据块替换旧的数据块；数据拥有者将数据块版本号 Vn 进行加 1 操作(修改序号为 2 的数据块)。

图 4.3 为数据修改操作。

DDCT_1			
No	BNo	Vn	Time
1	4	1	$F_{\mathrm{id}}<1, t_1>$
2	5	2	$F_{\mathrm{id}}<1,t_2>\rightarrow F_{\mathrm{id}}<2,t_3>\rightarrow F_{\mathrm{id}}<3,t_4>$
3	6	1	$F_{\mathrm{id}}<1,t_5>\rightarrow F_{\mathrm{id}}<2,t_6>$
$1\leqslant \mathrm{range}\leqslant 3$			

数据插入

图 4.3　数据修改操作

4.4.2　数据插入

数据插入操作是把新数据块插入到数据块 $f[i]$之后成为 $f[i+1]$，其具体的操作步骤如下。

(1) 在 DDCT 中搜索到数据块 i。

(2) 将所在分表 DDCT 中 i 位置以后的数据块平移，同时在 i 的位置后面插入一个空位置 $i+1$。

(3) DDCT 分表中对应的版本号 Vn 执行加 1 操作。

(4) 当前 DDCT 的最大范围和以后的 DDCT 分表的最小范围与最大范围均加 1。

(5) 对文件块 $f[i+1]$ 先进行加密操作，然后产生副本之后用标签生成算法计算其标签值 σ_{i+1}。

(6) 将插入的信息集 $I(f[i+1], B\mathrm{No}, Vn, F_{\mathrm{id}})$ 发送给云服务提供商。

图 4.4 为数据插入操作。

DDCT$_2$			
No	*B*No	*Vn*	Time
1	4	2	$F_{\mathrm{id}}<1, t_1>\rightarrow F_{\mathrm{id}}<2, t_2>\rightarrow F_{\mathrm{id}}<3, t_3>$
2	5	1	$F_{\mathrm{id}}<1, t_4>\rightarrow F_{\mathrm{id}}<2, t_5>\rightarrow F_{\mathrm{id}}<3, t_6>$
3	10	3	$F_{\mathrm{id}}<1, t_7>\rightarrow F_{\mathrm{id}}<2, t_8>\rightarrow F_{\mathrm{id}}<3, t_9>$
4	6	1	$F_{\mathrm{id}}<1, t_{10}>\rightarrow F_{\mathrm{id}}<2, t_{11}>$
1≤range≤4			

数据修改　数据插入

图 4.4　数据插入操作

4.4.3 数据删除

数据删除从操作上来说应该与数据插入操作相反，即从数据集中删除数据块 $f[i]$，操作步骤如下。

(1) 在 DDCT 中查找到序号为 i 的数据块。

(2) 在当前表中将 i 数据块后面的数据块向前移动一个位置。

(3) 更改受到影响的数据块序号和 DDCT 分表的范围。

(4) 将 $D(F_{\mathrm{id}}, \mathrm{No}, Vn)$ 删除信息发送给云服务商。

图 4.5 为数据删除操作。

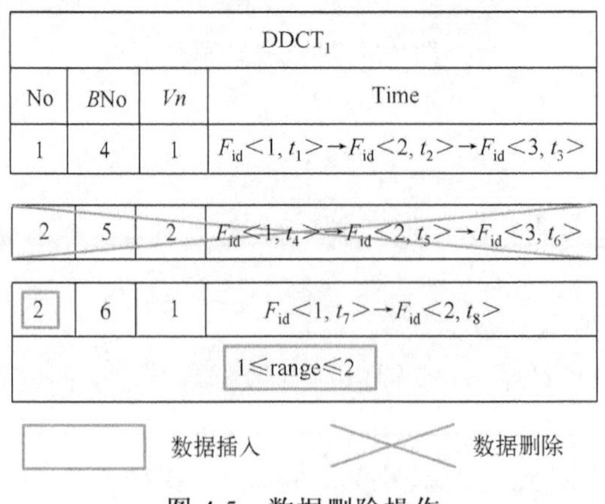

DDCT$_1$			
No	*B*No	*Vn*	Time
1	4	1	$F_{\mathrm{id}}<1, t_1>\rightarrow F_{\mathrm{id}}<2, t_2>\rightarrow F_{\mathrm{id}}<3, t_3>$
2	5	2	$F_{\mathrm{id}}<1, t_4>\rightarrow F_{\mathrm{id}}<2, t_5>\rightarrow F_{\mathrm{id}}<3, t_6>$
2	6	1	$F_{\mathrm{id}}<1, t_7>\rightarrow F_{\mathrm{id}}<2, t_8>$
1≤range≤2			

图 4.5　数据删除操作

4.5　多副本审计过程

4.5.1　DMCIA 方案描述

DMCIA 方案主要分为初始化阶段和验证阶段，其中初始化阶段包括密钥生成、副本生成、标签生成三个步骤；验证阶段包括挑战信息生成、证据生成和证据验证三个步骤。初始化阶段流程图如图 4.6 所示。

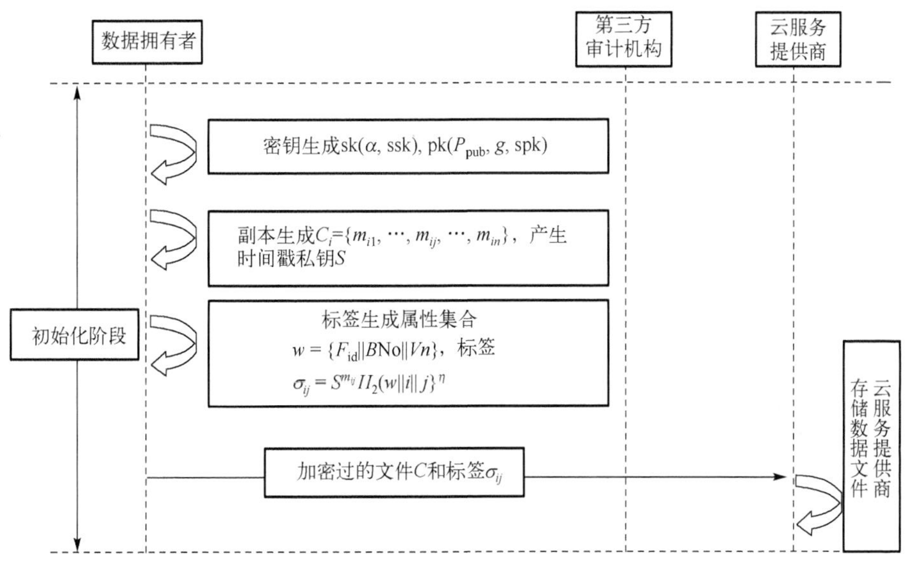

图 4.6　初始化阶段流程图

1. 密钥生成

在客户端运行密钥生成算法，生成一对公私钥。首先选取双线性乘法循环群中的生成元 g，然后随机选取大整数 α，并计算

$$P_{\text{pub}} = g^{\alpha} \tag{4.1}$$

接下来在密钥管理中心生成用于文件非对称加密的密钥对 (ssk,spk)。其中生成的私钥为 $\text{sk}(\alpha,\text{ssk})$ 需要保密，公钥为 $\text{pk}(P_{\text{pub}},g,\text{spk})$ 需要公开。

2. 副本生成

副本生成在数据拥有者端完成。输入文件 F 和副本数量 t，运用非对称加密算法为文件 F 加密，变为密文 C，然后根据 t 生成副本密文 $\{C_i\}(1 \leqslant i \leqslant t)$，之后将密

文 C 分为 n 块即 $C_i=\{m_{i1},\cdots,m_{ij},\cdots,m_{in}\}(1\leqslant i\leqslant t,\ 1\leqslant j\leqslant n)$，从 DDCT 的 Time 属性列读出相对应数据块的时间戳，计算时间戳私钥 S，H_1 为哈希函数，计算公式为

$$S=H_1(\text{Time}) \tag{4.2}$$

3. 标签生成

为上传到云端的数据块生成签名标签，首先选取 $\eta\in Z_q^*$，计算

$$r=g^{\eta} \tag{4.3}$$

然后计算属性集合

$$w=\{F_{\text{id}}\|B\text{No}\|Vn\} \tag{4.4}$$

式中，F_{id} 为文件的唯一标识；BNo 为数据的块号；Vn 为数据的版本号。对于每个副本数据 m_{ij} 计算数据块的标签 σ_{ij}：

$$\sigma_{ij}=S^{m_{ij}}H_2(w\|i\|j)^{\eta} \tag{4.5}$$

式中，$1\leqslant i\leqslant t,\ 1\leqslant j\leqslant n$，将 m_{ij} 存放到数据区块 b_{ij} 的区块体中。然后计算副本数据区块时间戳的签名：

$$\text{TS}=(r\,\|\,\text{Time}) \tag{4.6}$$

将 TS 信息存放到数据区块 b_{ij} 的区块头中。最后把 (b_{ij},σ_{ij},r) 发送给云服务提供商。

验证阶段的主要任务是验证云端存储的副本数据是否完整，其主要包括挑战信息生成、证据生成和证据验证三个步骤，主要流程图如图 4.7 所示。

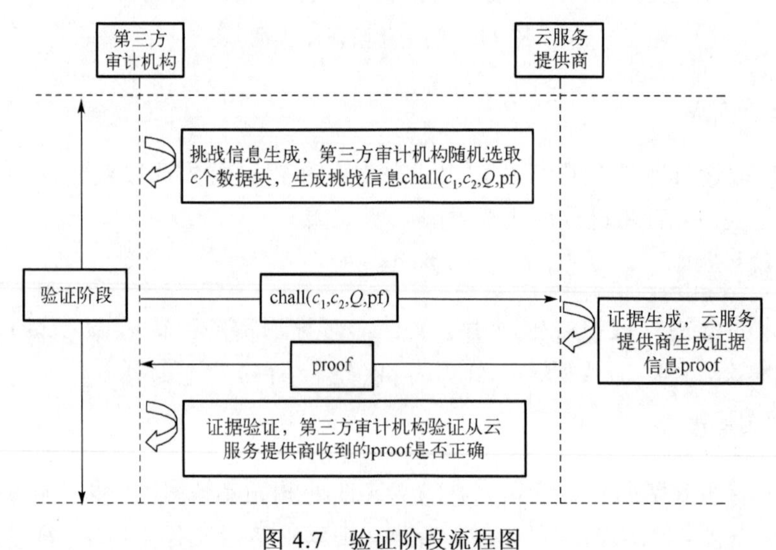

图 4.7　验证阶段流程图

4. 挑战信息生成

根据随机抽样来检测副本的正确性和完整性。首先随机选取 c 个数据块组成集合 $I \subset \{(1,t)\times(1,n)\}$，然后随机选取整数 $v_{ij} \in Z_q^*$，为每个选取的数据块生成一个随机数 v_{ij}，则有 $Q=\{(i,j,v_{ij})\}$。接下来选取 $\rho \in Z_q^*$，计算

$$Z = e(H_1(\text{Time}), P_{\text{pub}}) \tag{4.7}$$

$$c_1 = g^{\rho} \tag{4.8}$$

$$c_2 = Z^{\rho} \tag{4.9}$$

$$\text{pf} = \text{POK}[(\rho): c_1 = g^{\rho} \wedge c_2 = Z^{\rho}] \tag{4.10}$$

最后生成挑战信息 $\text{chall}(c_1, c_2, Q, \text{pf})$ 发送给云服务提供商。

5. 证据生成

当云服务提供商收到挑战信息后，开始计算

$$Z = e[H_1(\text{Time}), P_{\text{pub}}] \tag{4.11}$$

$$u = \sum_{ij\in I} v_{ij} m_{ij} \tag{4.12}$$

$$\sigma = \prod_{ij\in I} \sigma_{ij}^{v_{ij}} \tag{4.13}$$

$$m' = H_3[e(\sigma, c_1)\cdot c_2^{-u}] \tag{4.14}$$

生成证据信息 $\text{proof}(m', r, \text{TS}(r \| \text{Time}))$，将 $\text{proof}(m', r, \text{TS}(r \| \text{Time}))$ 发送给第三方审计机构。

6. 证据验证

当第三方审计机构收到证据信息 proof 后，开始验证返回的证据信息是否正确。首先检测基于时间戳的签名信息 $\text{TS}(r \| \text{Time})$ 是否正确，如果不正确，则审计出错；若正确，则继续计算

$$m' = H_3\left(\prod_{ij\in I} e[H_2(w \| i \| j)^{v_{ij}}, r^{\rho}]\right) \tag{4.15}$$

是否成立。如果成立，则通知数据拥有者，审计正确；反之，不成立，则第三方审计机构通知数据拥有者审计出现问题，及时做出决策。

4.5.2 安全性证明

(1) 安全性证明主要是证明基于时间戳的签名机制在多项式时间内是安全的，即云服务提供商必须存储数据拥有者的文件才能产生有效的证据响应第三方审计机构的挑战请求，如果云服务提供商有任意不诚实的表现，则无法产生有效的回答。

定理 4.1 在 CDH (computational-Diffie-Hellman problem) 困难问题前提下，若本章方案 DMCIA 是安全的，则基于时间戳的签名机制在多项式时间内存在不可伪造性。

证明 游戏主要是在敌手 Adv 和模拟器 Simulator 之间进行的，敌手通过询问模拟器 Simulator，然后根据返回信息猜测、破解方案 DMCIA 中的签名消息。

游戏 1 主要进行初始化操作。首先模拟器 Simulator 运行 4.5.1 节中的密钥生成算法，产生需要的密钥对 (PK, SK)，然后将公钥 PK 发送给敌手 Adv。敌手 Adv 可以随机选择询问模拟器 Simulator 数据块的标签信息或者时间戳签名信息，当模拟器 Simulator 收到敌手 Adv 的请求后，利用式 (4.3) ～式 (4.6) 计算相应的标签信息返回敌手 Adv。

游戏 2 是在游戏 1 的基础上进行更加严格的信息交互。与游戏 1 中不同的是挑战者需要维护一个包括数据块标签信息和时间戳签名信息的外包数据块。假设敌手询问的信息未在挑战者维护的数据列表中，则游戏终止。

游戏 3 与游戏 2 基本相同，主要区别是：挑战者可以检测全部的挑战应答过程。假设数据块 b_{ij} 的签名 σ_{ij} 和产生的挑战信息为 chall，当挑战者检测到敌手 Adv 回复证据 $\text{pf}'=\{u',\sigma'\}$ 可能存在不诚实表现时，终止游戏。得到有效的回复证据格式应该为 $\text{pf}=\{u,\sigma\}$，其中 $u=\sum_{ij\in I}v_{ij}m_{ij}$，$\sigma=\prod_{ij\in I}\sigma_{ij}^{v_{ij}}$，验证者收到证据消息 $\text{pf}=\{u,\sigma\}$ 后，验证等式 $m'=H_3\left(\prod_{ij\in I}e[H_2(w\|i\|j)^{v_{ij}},r^{\rho}]\right)$ 是否成立。根据上述分析，当 $\sigma=\sigma'$ 时，$u\neq u'$。定义 $\Delta u=u'-u$，Simulator 回复敌手 Adv 的质询，最终敌手 Adv 回复伪造的证据 $\text{pf}'=\{u',\sigma'\}$。若 $m'=H_3\left(\prod_{ij\in I}e[H_2(w\|i\|j)^{v'_{ij}},r^{\rho'}]\right)$，则可以得到 $u^{\Delta u}=1$，即 $u'=u\bmod p$，与假设 $u'\neq u$ 不符。经过以上分析，敌手无法以可忽略的概率伪造有效的证据欺骗挑战者，则证明本章方案基于时间戳的签名算法是安全的。证毕。

(2) 私有性安全的主要威胁方式是将数据拥有者的数据信息泄露给第三方审计机构。

为了证明本章方案在借助第三方审计时可有效地保护数据的私有性，引入模

拟器 Simulator 和验证者 V 。假设时间戳签名为 $TS = (\text{Time} \| r)$， r 、 Time 给模拟器 Simulator，而 $r = e(g,g)^{\eta}$，其中 η 是数据拥有者自己随机选取的，与数据块没有任何联系。然后验证者 V 生成挑战信息 $\text{chall}(c_1,c_2,Q,\text{pf})$ 给模拟器 Simulator。

当模拟器 Simulator 收到挑战信息 $\text{chall}(c_1,c_2,Q,\text{pf})$ 后，模拟器 Simulator 从验证者 V 提取 ρ，计算 $c_1 = g^{\rho}$，$m' = H_3\left(\prod_{ij \in I} e[H_2(w\|i\|j)^{v_{ij}}, r^{\rho}]\right)$，$c_2 = e[H_1(\text{Time}), P_{\text{pub}}]^{\rho}$。模拟器 Simulator 返回 $(m', r, \text{TS}(r \| \text{Time}))$ 作为挑战的证据信息。

对于每个挑战信息 $\text{chall}(c_1,c_2,Q,\text{pf})$，都有一个唯一的 m' 是有效的，因此可以证明模拟器 Simulator 是安全的，即本章方案是可以保护数据私有性的。

4.6　正确性分析

正确性分析主要是验证式(4.15)是否成立。式(4.15)左边的数据是云服务提供商根据收到第三方审计机构发送的挑战信息后，返回来的数据标签证据，而式 (4.15)右边是第三方审计机构根据数据拥有者提供的副本数据信息计算的数据标签证据。如果云服务提供商没有任何不诚实的行为，即存储了数据拥有者所有的副本数据，那么式(4.15)左边是等于式(4.15)右边的，即式(4.15)是成立的。

证明

$$
\begin{aligned}
m' &= H_3[e(\sigma, c_1) \cdot c_2^{-u}] \\
&= H_3\left(\frac{e(\sigma, c_1)}{e[H_1(\text{Time}), P_{\text{pub}}]^{\rho \sum_{ij \in I} m_{ij} v_{ij}}}\right) \\
&= H_3\left(\frac{\prod_{ij \in I} e(\sigma_{ij}^{v_{ij}}, c_1)}{\prod_{ij \in I} e(S, c_1)^{m_{ij} v_{ij}}}\right) \\
&= H_3\left[\prod_{ij \in I} e\left(\frac{\sigma_{ij}}{S^{m_{ij}}}, g^{\rho v_{ij}}\right)\right] \\
&= H_3\left(\prod_{ij \in I} e[H_2(w\|i\|j)^{\eta}, g^{\rho v_{ij}}]\right) \\
&= H_3\left(\prod_{ij \in I} e[H_2(w\|i\|j)^{v_{ij}}, g^{\rho \eta}]\right) \\
&= H_3\left(\prod_{ij \in I} e[H_2(w\|i\|j)^{v_{ij}}, r^{\rho}]\right)
\end{aligned}
$$

证毕。

4.7 方案时间开销实验

实验采用本地的虚拟机加载开源项目 OpenStack 来进行性能测试，其中主要用到 OpenStack 中的 Hadoop 子项目来搭建所需要的实验环境。实验计算机硬件配置为戴尔 OptiPlex 3020 微型机，处理器为 Intel Core i5-4590@ 3.30GHz四核，内存为 8GB(海力士 DDR3 1600MHz)，主硬盘为影驰 GX0128ML106-P(128GB 固态硬盘)和西部数据 WDC WD5000AAKX-75U6AA0(500GB 机械硬盘)。部署的 Linux 系统为 CentOS 6.7，Hadoop 版本为 Hadoop-2.6.0，基于 PBC(pairing-based cryptography)提供的函数库采用 Python 语言编程开发。

4.7.1 计算花销

将本章方案 DMCIA 和 DHT-PA[1]、IHT-PA[2]和 M[3]进行对比分析，结果如表 4.2 所示，其中 m 表示数据块数量，n 表示数据块的分区，c 表示挑战验证的数据块，s 表示 DDCT 的数量。

表 4.2 方案对比

方案	支持动态操作	副本检测	修改花销	插入花销	输出花销
DHT-PA	是	否	$O(c\log m)$	$O(c\log m)$	$O(c\log m)$
IHT-PA	是	否	$O(c)$	$O(m)$	$O(m)$
M	是	否	$O(c)$	$O(m/s)$	$O(m/s)$
DMCIA	是	是	$O(c)$	$O(m/s)$	$O(m/s)$

4.7.2 随机抽样对审计结构影响

实验主要是针对云端数据审计的仿真测试，包括开始的初始化阶段，以及后来动态操作和挑战审计。本节准备了 1GB 的外包资源，将其分为 125000 个数据块，更新的数据块为 100～1000 个，与 DHT-PA[1]及 IHT-PA[2]进行对比测试。

对不同文件(1～100GB)进行研究测试，探究文件分块对文件更新操作的影响。实验结果如图 4.8 所示，从实验数据上来看，对不同数据文件($|F|$)来说，每个 DDCT 分表存储的数据块结构在 350 个左右，数据操作更新时间最佳。

4.7.3 动态操作实验

如图 4.9 所示，可以看出 DHT-PA 的时间花销最大，其主要原因是此方案更新时必须在 MHT(merkle hash tree)中精确地找到数据块的位置，同时计算根节点

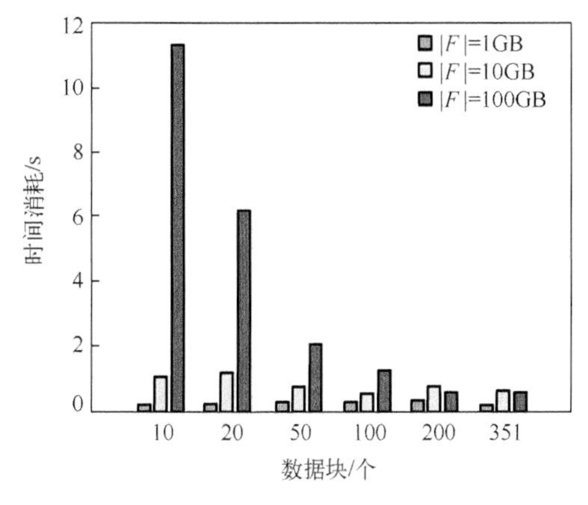

图 4.8　不同分块数对文件更新操作的影响

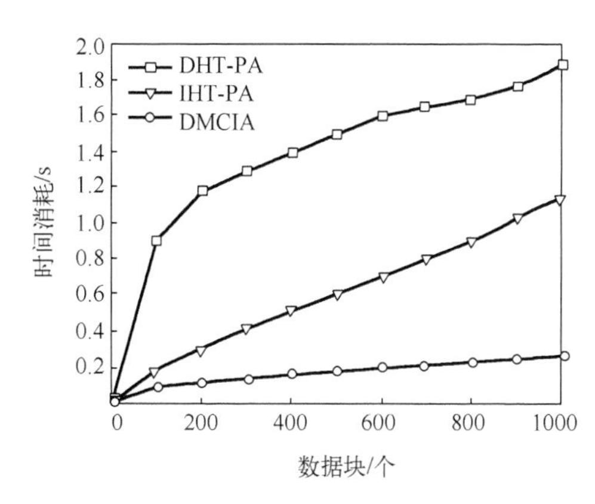

图 4.9　数据更新操作

到本节点路径的新叶子节点的哈希值，导致很大的时间花销。IHT-PA 采用一个 DCT[2]，这样查找起来时间花销较多。

图 4.10 测试了不同文件大小的数据块删除时间消耗。DMCIA 和 DHT-PA 的时间消耗基本相同，IHT-PA 的时间消耗较大。

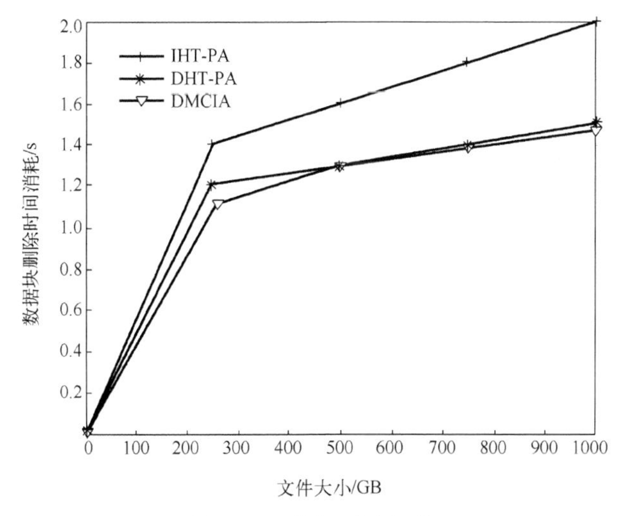

图 4.10　数据删除操作

4.7.4　标签生成对比实验

图 4.11 是对副本标签生成时间消耗的测试，本次选取副本数量为 1～20 个，从图中可以得知，随着副本数量的增多，生成副本标签的时间也逐渐增多，大致和副本数量成正比，而且可以看出 DMCIA 与 M[3]相比，生成副本标签的时间消耗明显少于 M。

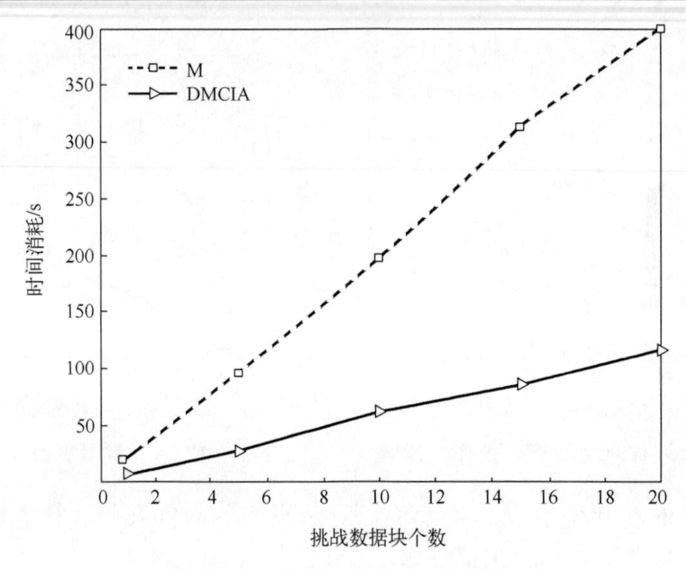

图 4.11　副本标签生成时间消耗

4.7.5　不同挑战数据块个数审计时间

图 4.12 测试的是不同挑战数据块个数审计时挑战信息生成、证据生成和证据验证的时间消耗。从图中可以看出随着抽样数据块的增多，挑战信息生成时间、证据生成时间和证据验证时间逐渐增多，大致呈正比趋势。

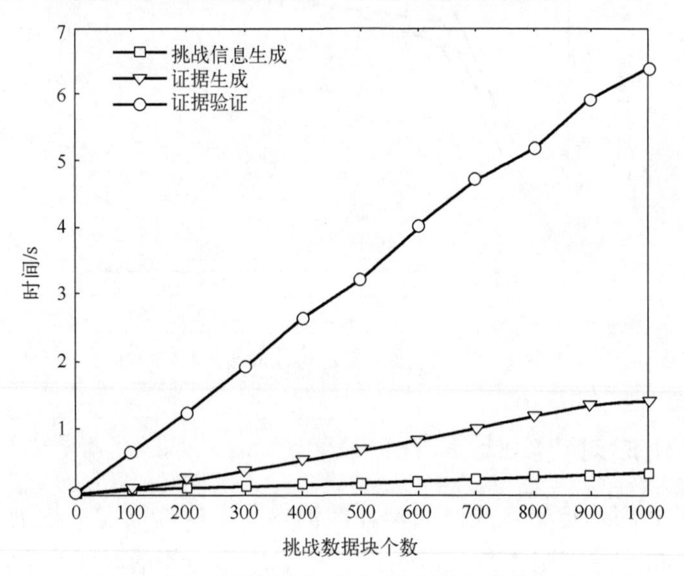

图 4.12　不同挑战数据块个数审计时的时间消耗

4.8　本 章 小 结

本章主要对基于 DDCT 的多副本完整性审计方案进行详细的阐述，首先介绍了完整性审计模型及面临的攻击模型、定义的敌手安全模型和本章方案的设计目标；其次介绍了 DDCT、副本区块的概念和完整性审计方案的具体实施；再次介绍基于 DDCT 的数据动态操作；然后对方案进行基于时间戳签名机制的正确性与安全性分析；最后在搭建的 Hadoop 分布式仿真云计算平台上测试本章方案的性能和效率。

参 考 文 献

[1] Wang Q, Wang C, Li J, et al. Enabling public verifiability and data dynamics for storage security in cloud computing[C]. European Conference on Research in Computer Security, Berlin, 2009: 355-370.

[2] Yang K, Jia X. An efficient and secure dynamic auditing protocol for data storage in cloud computing[J]. IEEE Transactions on Parallel and Distributed Systems, 2013, 24(9): 1717-1726.

[3] Sookhak M, Gani A, Khan M K, et al. WITHDRAWN: Dynamic remote data auditing for securing big data storage in cloud computing[J]. Information Sciences, 2015, 380: 101-116.

第5章　基于覆写验证的云数据确定性删除方案

数据泄露已成为影响云计算发展和应用的重要问题之一,其中数据的不安全性删除是导致数据泄露的一个重要原因。目前，用户大多是将数据加密后存储到云端，在数据删除命令发出后，通过删除加密密钥来保证数据的不可解密和恢复，以达到数据删除的目的。这样的删除机制存在很大的弊端，因为其只对数据进行逻辑删除，待删除的数据仍然存储在云端，一旦有非法分子获得云端的数据，就可能对所得数据进行暴力破解，从而导致敏感信息泄露。如果存在部分云服务提供商为了自身的利益，只对数据进行逻辑删除，那么用户在多租户模式下就面临着数据泄露危机。另外，云存储的模式和以往的存储模式有很大的不同。在云存储模式下，一方面数据拥有者将数据上传到云端存储，将数据控制权移交至云端；另一方面，现存的数据逻辑删除方式，一旦加密密钥被恢复，数据泄露概率就增大。

针对以上情况，在数据生命周期结束需要删除时，如何保证数据的确定性删除，使数据在云端永久性删除或者密钥删除后无法再次解密及恢复是现阶段云存储研究的一个重点和难点问题。本章提出一种基于密文重加密和数据覆写验证结合的云数据确定性删除方案(overwrite and verify ciphertext-policy attributed based encryption，WV-CP-ABE)，可以有效地实现数据访问及删除细粒度控制和数据删除验证。采用基于密文策略属性基加密机制加密数据，当数据拥有者想删除外包数据时，通过重新加密密文改变密文对应的属性访问控制策略来实现数据细粒度操作和确定性删除。本章设计一种基于脏数据覆写的可搜索路径二叉树，对云存储的数据覆写后进行验证。根据辅助的可信删除证据，判断是否对数据文件真正进行了覆写操作。对提出的云数据确定性删除方案进行详细的敌手模拟安全性证明，表明本章方案可以实现要求的数据细粒度操作和确定性删除目标。

5.1　整 体 结 构

1. 系统模型

本章提出的 WV-CP-ABE 方案共包括 4 部分，分别是数据拥有者、可信授权机构、云服务提供商和用户。系统整体结构如图 5.1 所示。

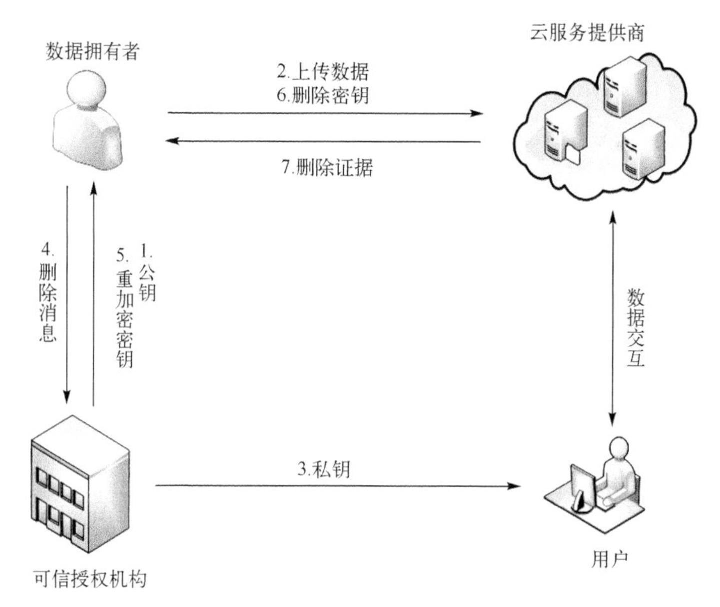

图 5.1　系统整体结构

(1) 数据拥有者：创建数据文件，上传云端前对数据文件进行加密处理。数据拥有者虽然上传了数据到云端，但是怀疑云服务提供商是否按照约定对数据进行处理，担心数据有泄露的危险。

(2) 可信授权机构：产生密钥中心，负责给用户分发私钥，根据用户属性分发不同的用户私钥，而只有满足数据文件访问控制策略的用户才能下载文件、解密出明文。

(3) 云服务提供商：自身拥有强大的计算能力和存储资源，对用户提供长时间的存储服务。但是本身是诚实且好奇的，在商业利益和自己名声的驱使下，可能会存在泄露用户信息的不法行为。

(4) 用户：数据文件的使用者，通过自身拥有的属性在可信授权机构获取私钥，然后在云端下载数据，如果满足数据的访问控制策略，就能成功解密文件。

2. 安全模型

本章为方案构建敌手攻击游戏，其中包括敌手 A、挑战者和模拟器 S，具体如下。

(1) 敌手 A 尝试构建访问控制策略 AC。

(2) 挑战者运行初始化算法 Setup，输出 PK 给敌手 A。

(3) 敌手 A 为得到用户属性集合 Au，向模拟器 S 请求多个私钥。

(4) 敌手 A 给挑战者发送两条等长的数据明文 M_0 和 M_1，挑战者随机选择其

中一条 $\phi=\{0, 1\}$，挑战者选择访问控制策略 AC 加密数据，将加密明文 C_ϕ 发送给敌手。

(5) 敌手多次尝试步骤(3)。

(6) 敌手根据得到的信息对 ϕ 进行猜测，得到 ϕ'，如果敌手 A 猜测 $\phi'=\phi$，则敌手在游戏中获胜；反之，敌手 A 失败。在敌手攻击游戏中，敌手 A 的优势为 $\left|\Pr[\phi'=\phi]-\frac{1}{2}\right|$。

3. 设计目标

对提出的云数据确定性删除方案进行了详细的敌手模拟安全性证明，表明本章方案可以实现要求的数据细粒度操作和确定性删除目标。

5.2　属性基加密介绍

就目前的属性基加密方案看来，基于密文策略属性基加密(CP-ABE)更加适用于现实环境。在属性基加密(ABE)中，CP-ABE 与基于密钥策略属性基加密(key-policy attribute-based encryption，KP-ABE)的区别在于属性的绑定上，在 CP-ABE 中，属性绑定在密钥上，密文绑定的是访问策略；而 KP-ABE 则相反。在 ABE 中，访问策略往往大于属性，CP-ABE 的加密机制如图 5.2 所示。

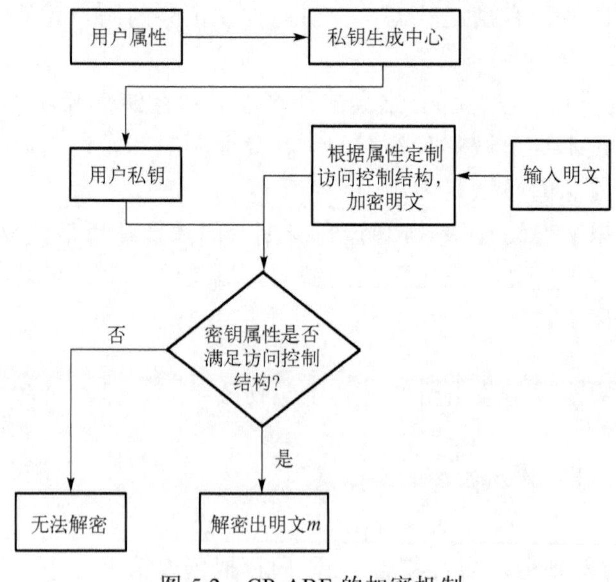

图 5.2　CP-ABE 的加密机制

CP-ABE包括以下四个算法。

(1)初始化算法Setup：$\mathrm{setup}(1,\lambda)\to \mathrm{PK},\mathrm{MSK}$。其中MSK是系统主密钥，PK是公开参数。

(2)私钥生成算法KeyGen：$\mathrm{KeyGen}(\mathrm{PK},\mathrm{MSK},S)\to \mathrm{SK}$。其中$S$为用户的属性集合，SK则是生成的用户的属性私钥。

(3)加密算法Encrypt：$\mathrm{Enc}(\mathrm{PK},A,m)\to \mathrm{CT}$。其中PK是系统公开参数，$m$是待加密的明文，$A$是密文准备镶嵌的访问架构，CT是生成的密文。

(4)解密算法Decrypt：$\mathrm{Dec}(\mathrm{CT},\mathrm{PK},\mathrm{SK})\to m$。算法中SK与CT有一个匹配算法，主要是对访问策略A与属性S进行匹配，若匹配成功，则成功解密；若匹配失败，则不能解密。

5.3 预备知识

1. 属性基加密

属性基加密(attribute-based encryption，ABE)是由Sahai和Watens在2005年的密码技术理论与应用国际会议上提出的模糊身份加密。目前常用的两种方案是：KP-ABE和CP-ABE。这两种加密机制都用到属性访问控制(access control，AC)策略。假设初始化的系统属性个数为n，则得系统属性集合为$\Omega=\{\mathrm{att}_1,\mathrm{att}_2,\cdots,\mathrm{att}_n\}$，$A_i=\{v_{i,1},v_{i,2},\cdots,v_{i,n}\}$，其中$A_i$表示第$i$个属性$\mathrm{att}_i$的取值，$n_i=|A_i|$。用户属性集合$\mathrm{Au}=\{\mathrm{Au}_1,\mathrm{Au}_2,\cdots,\mathrm{Au}_m\}$，其中$m\in[1,n]$。$\mathrm{Au}_i$表示用户属性集合Au中属性的取值。$\mathrm{AC}=\{\mathrm{AC}_1,\mathrm{AC}_2,\cdots,\mathrm{AC}_k\}$，其中$k\in[1,n]$，为定义一个密文的访问控制策略。访问控制策略是借助树结构，采用与门、或门和门限控制方法对属性进行管理。数据拥有者首先将访问控制策略AC转换为一棵访问控制树，其中非叶子节点表示属性控制判断条件，叶子节点表示属性值。

2. 双线性映射

设p是素数，G_T是阶为p的乘法循环群，G_V是阶为p的乘法循环群，通常称映射e：$G_T\times G_T\to G_V$为一个双线性对，e满足以下的3个性质。

(1)双线性：对于任意δ、$\xi\in Z_p$和χ、$\gamma\in G_T$，都有$e(\chi^{\delta},\gamma^{\xi})=e(\chi,\gamma)^{\delta\xi}$。

(2)非退化性：存在χ、$\gamma\in G_T$，使$e(\chi,\gamma)\neq 1_{G_T}$。

(3)可计算性：对任意的$\chi\in G_T$，$\gamma\in G_T$，可以用有效的算法来计算$e(\chi,\gamma)$的值。

5.4　数据属性加/解密过程

数据加密解密阶段包括系统初始化、用户私钥产生、数据加密和数据解密 4 个步骤。

1. 系统初始化

这是在可信授权机构 TA 运行的一个随机算法。首先可信授权机构 TA 选择两个阶为 p 的乘法循环群 G_T, G_V，满足 $e: G_T \times G_T \to G_V$，其中 g 为 G_T 的生成元，TA 随机选择 $y \in Z_p$，计算：

$$Y = e(g,g)^y \tag{5.1}$$

然后选择 $t_j \in Z_p (j \in [1,n])$，计算：

$$T_j = g^{t_j} (j \in [1,n]) \tag{5.2}$$

则公钥为 $\text{PK} = (e, g, Y, \{T_j\}_{j\in[1,n]})$，主密钥为 $\text{MSK} = (y, \{t_j\}_{j\in[1,n]})$，其中公钥 PK 公开，主密钥 MSK 可信授权机构保存且不公开。

2. 用户私钥产生

首先随机选择计算用户私钥的公共基 $r \in Z_p$，计算用户私钥基 D_0：

$$D_0 = g^{y+r} \tag{5.3}$$

对于每个属性 a_j，都有 $r_j \in Z_p$，然后基于用户属性计算属性值 D_j：

$$D_j = \{g^{\frac{r_j}{t_j}}\}_{a_j \in \text{Au}} \tag{5.4}$$

最后产生的用户私钥为 $\text{SK}_u = (D_0, D_j)$。同时可信授权机构 TA 为数据拥有者 D_0 产生用于访问控制策略签名的公私钥对(spk, ssk)，随机选择一个 $\alpha \in Z_p$，计算

$$v = g^{\alpha} \tag{5.5}$$

3. 数据加密

数据拥有者输入明文 M、公钥 PK 和数据访问控制策略 AC，输出密文 C。数据拥有者首先随机选择 $s \in Z_p$，计算密文 C_1、C_2 和 C_3：

$$C_1 = MY^s = Me(g,g)^{ys} \tag{5.6}$$

$$C_2 = g^s \tag{5.7}$$

$$C_3 = (g^{t_j})^{s_i}, \quad a_j \in \mathrm{AC} \tag{5.8}$$

最后得的密文为$C = (\mathrm{AC}, C_1, C_2, C_3)$，然后数据拥有者用签名的私钥对访问控制策略进行签名，计算标签，如式(5.9)所示。

$$\sigma = [H(f_{\mathrm{name}} \| C_3)]^a \tag{5.9}$$

式中，f_{name}是数据文件的唯一名字标识，最后上传$\{f_{\mathrm{name}}, C, \sigma\}$到云端。

4. 数据解密

数据解密过程如下：

$$\begin{aligned}\frac{C_1 \prod_{a_j \in \mathrm{Au}} e(g^{t_j s_i}, g^{\frac{r_j}{t_j}})}{e(g^s, D_0)} &= \frac{Me(g,g)^{ys} \prod_{a_j \in \mathrm{Au}} e(g,g)^{rs_i}}{e(g^s, g^{y+r})} \\ &= \frac{Me(g,g)^{ys} e(g,g)^{\sum_{a_j \in \mathrm{Au}} rs_i}}{e(g,g)^{ys} e(g,g)^{rs}} \\ &= \frac{Me(g,g)^{ys} e(g,g)^{rs}}{e(g,g)^{ys} e(g,g)^{rs}} \\ &= M\end{aligned} \tag{5.10}$$

式中，Au为用户的属性集合，对于每一个属性$a_j \in \mathrm{Au}$，都随机选择一个随机数$S_i \in Z_p$，且满足：

$$\sum_{a_j \in \mathrm{Au}} S_i = S \tag{5.11}$$

式中，i为访问控制策略AC中属性的序号。

5.5　数据确定性删除阶段

数据确定性删除阶段包括删除信息生成、删除密钥产生、访问控制策略重加密和数据覆写验证4个步骤。

1. 删除信息生成

当数据拥有者想删除外包的数据时，首先生成数据的删除信息$\mathrm{DR} = (f_{\mathrm{name}}, \mathrm{AC})$，其中$f_{\mathrm{name}}$是要删除数据的唯一名字标识。然后将DR分表发送给可信授权机构和云服务提供商。之后云服务提供商返回$\{f_{\mathrm{name}}, \sigma\}$给数据拥有者，数据拥有者再认证：

$$e(\sigma,g)=e[H(f_{\text{name}}\|C_3),\nu] \tag{5.12}$$

如果成立，则证明 C_3 确实是要删除密文中的属性访问控制策略。

2. 删除密钥生成

可信授权机构收到数据拥有者发送的删除信息 DR，根据主密钥 MSK，随机选择 $t'_j \in Z_p$，计算 ck

$$\text{ck}=\frac{t'_j}{t_j} \tag{5.13}$$

然后将 $\text{newk}=(f_{\text{name}},\text{AC},\text{ck})$ 返回给数据拥有者，数据拥有者收到 newk 后，立即将 newk 信息发送给云服务提供商。

3. 访问控制策略重加密

云服务提供商接收 newk 信息后，选择密文 C，然后计算

$$C'_3=C_3^{\text{ck}} \tag{5.14}$$

然后替换原来密文的 C_3 部分，组成新的密文 $\text{NC}=(C_1,C_2,C'_3,\text{AC}')$。

4. 数据覆写验证

数据拥有者首先构造基于脏数据覆写的可搜索路径哈希二叉树，根据要删除数据块的多少生成最小二叉树，从数字 1 开始，层次遍历二叉树给节点赋值。然后准备一个和外包数据一样大小的二进制随机脏数据块，从二叉树根节点到每个叶子节点都有一条最短路径，将路径经过的节点序号记录下来再转换为二进制，和脏数据逐位进行异或运算，得到新的数据就是此叶子节点对应的要删除的数据块需要覆写的数据。最后叶子节点存储这个脏数据块的哈希值，作为验证的根据。将上述操作遍历完所有的叶子节点。按照新生成的数据对云端存储的数据进行数据覆写，写操作完成后让云服务提供商返回覆写完数据的哈希值，和本地存储的证据进行验证，如果一致，则说明覆写删除步骤完成。

数据覆写算法如算法 5.1 所示。

算法 5.1 数据覆写算法

1. 输入：$\text{Deldata}_{\text{num}}$，DirtyData
2. DSMHT ← GetTree ($\text{Deldata}_{\text{num}}$)；
3. Levelsearch (DSMHT)；
4. for i to n:

```
5.    Road ← search(i);
6.    Broad ← Binary(Road);
7.      for j to m:
8.        DC ← DirtyData^Broad
9. h(r) ← getHash(h(R)_L||h(R)_r)
10. overwrite(DC);
11. end
```

下面以一个删除 8 个数据块的例子详细说明数据覆写的过程，生成的二叉树 DSMHT 如图 5.3 所示。

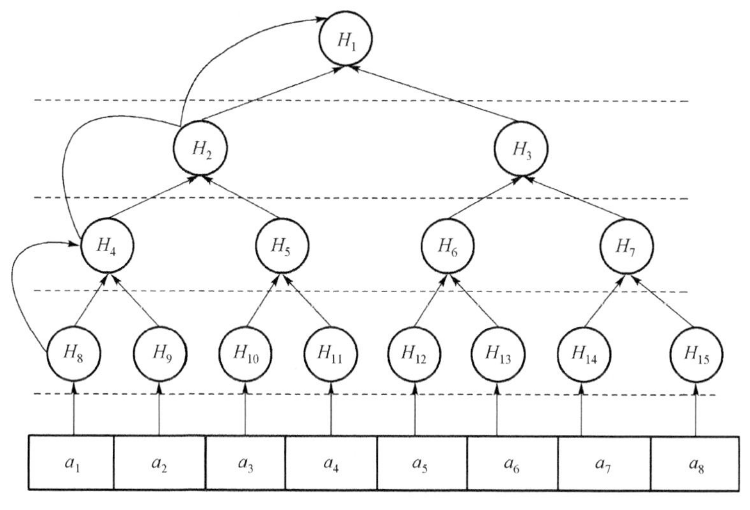

图 5.3　DSMHT

要删除的数据 a_1，它到根节点的最短路径如图 5.3 中的曲线所示，其中经过的节点序号为 8421，将 8421 转换为二进制得到 10000011100101，再与准备的脏数据进行异或运算得到新的数据文件，即 a_1 数据文件需要覆写的脏数据。然后依照此步骤完成其余 7 个数据文件的覆写操作，最后通过递归算法得出 DSMHT 根节点的哈希值。等到云端要删除数据覆写结束后，让云端返回覆写完数据的哈希值，再与本地的哈希值进行判断，以此断定覆写删除过程是否正确完成。

5.6　方案安全性证明

针对方案定义的安全模型，通过本节模拟的游戏来证明本章提出的解决方案是安全的。

定义 5.1　如果敌手在安全模型下可以攻破本章方案，则至少存在一个概率多项式时间算法内敌手以不可忽略的优势解决 DBDH(decisional bilinear Diffie-Hellman)问题。

证明　假设存在一个敌手 A 以优势 ε 在多项式时间内攻破本章方案，下面证明如下的 DBDH 问题游戏可以以优势 $\frac{\varepsilon}{2}$ 完成。

假设 $e:G_0 \times G_0 \to G_V$ 是一个双线性映射，首先 DBDH 问题挑战者设置以下情况：

$$\begin{cases}(g,A,B,C,Z)=(g,g^a,g^b,g^c,e(g,g)^{abc}), & \phi=0 \\ (g,A,B,C,Z)=(g,g^a,g^b,g^c,e(g,g)^z), & \phi=1\end{cases}$$

式中，随机选取 a、b、c、$z \in Z_p$。挑战者给出模拟器 $S:\langle g,A,B,C,Z\rangle=\langle g,g^a,g^b,g^c,Z\rangle$。

敌手模拟游戏的具体过程如下所示。

(1)敌手 A 尝试创建访问控制策略 AC。

(2)模拟器 S 初始化公共参数 $Y=e(A,B)=e(g,g)^{ab}$，并发送给敌手 A。

(3)敌手 A 为了满足用户属性集合 Au，向模拟器 S 请求多个私钥。模拟器 S 接收到信息后，对于每一个属性 $a_j \in \mathrm{Au}$，随机选择 $r_j \in Z_p$ 计算用户私钥 $D_j=\{g^{\frac{r_j}{t_j}}\}_{a_j \in \mathrm{Au}}$，然后返回给敌手 A。

(4)敌手为了能猜测出加密使用的密钥，提交两个长度一样但内容不同的明文 M_0、M_1 给模拟器 S，模拟器 S 随机选取 $r=\{0,1\}$，然后用访问控制策略 AC 加密明文 M_r，返回密文 C 给敌手 A。$C=\{\mathrm{AC},C_1,C_2,C_3\}$，其中密文 C 包括 $C_1=MY^s=Me(g,g)^{ys}$，$C_2=g^sZ$，$C_3=(g^{t_j})^{s_i}$，$a_j \in \mathrm{AC}$。当 $\phi=0$ 时，假设 $Z=e(g,g)^{abc}$，其中 α_l，$l \in \{1,2,\cdots,N\}$ 可以使 $ab=\sum \alpha_l$, $c=s$，这样就可以得到 $Z=e(g,g)^{abc}=(e(g,g)^{ab})^c=e(g,g)^{\sum \alpha_l s}=Y^s$，可知密文 C 是关于 M_r 的一个有效密文。当 $\phi=1$ 时，$r' \neq r$，$C_2=g^sZ=g^se(g,g)^z$，因为 z 为随机数，所以密文 C 不包括明文 M_r 的任何有用信息。

(5)敌手 A 重复上述攻击。

(6)敌手 A 收到信息猜测值 r'。如果 $r' \neq r$，则模拟器 S 输出 $\phi'=1$，敌手无法获取任何关于 r 的信息，有 $\frac{1}{2}\Pr[\phi'=\phi \mid \phi=0]+\frac{1}{2}\Pr[\phi'=\phi \mid \phi=1]-\frac{1}{2}=\frac{1}{2}\times\left(\frac{1}{2}+\varepsilon\right)+\frac{1}{2}\times\frac{1}{2}-\frac{1}{2}=\frac{\varepsilon}{2}$，当然也有 $\Pr[\phi'=\phi \mid \phi=1]=\frac{1}{2}$。如果 $r'=r$，则模拟器 S 输出 $\phi'=0$，敌

手获取 M_r 的密文，之前定义过敌手的优势为 ε，则有 $\Pr[r'=r \mid \phi=0]=\frac{1}{2}+\varepsilon$，得 $\Pr[\phi'=\phi \mid \phi=0]=\frac{1}{2}+\varepsilon$。最后得到的整体优势为 $\frac{1}{2}\Pr[\phi'=\phi \mid \phi=0]+\frac{1}{2}\Pr[\phi'=\phi \mid \phi=1]-\frac{1}{2}=\frac{1}{2}\times\left(\frac{1}{2}+\varepsilon\right)+\frac{1}{2}\times\frac{1}{2}-\frac{1}{2}=\frac{\varepsilon}{2}$。

综上可知敌手在多项式时间内解决 DBDH 问题的优势是 $\frac{\varepsilon}{2}$，根据 DBDH 假设可知，敌手的优势是可以忽略的，所以可以证明本章方案是安全的。证毕。

为进一步说明本章提出的 WV-CP-ABE 方案的安全可靠性，本章从加密方式、删除机制、细粒度安全访问和删除验证 4 个方面将 WV-CP-ABE 方案与现有的云数据确定性删除方案 Vanish[1]、ISS(IBE based secure self-destruction)[2]、ESITE (secure electronic-document self-destructing with identity-based time-release encryption)[3]和 SelfDOC[4]进行对比分析，详细结果见表 5.1。结果表明本章方案一方面在云数据删除时采用重加密访问控制策略和数据覆写双重保证；另一方面在云数据删除后还增加验证过程，防止不可信云服务提供商伪造删除信息，具有较高的安全性。

表 5.1　不同方案对比

方案	加密方式	删除机制	细粒度安全访问	删除验证
Vanish[1]	对称密钥	删除密钥	无	无
ISS[2]	IBE	删除密钥	身份控制访问粒度	无
ESITE[3]	IB-TRE	删除密钥	身份+时间控制访问粒度	无
SelfDOC[4]	ABE	删除密钥+抽样密文	多安全等级+访问控制策略	无
WV-CP-ABE	CP-ABE	重加密访问策略+数据覆写	基于属性访问控制策略	有

5.7　方案时间开销实验

本章采用腾讯云服务器和本地计算机搭建实验所需的环境。腾讯云服务器为专业型服务器，CPU 为四核、内存为 8GB，充当方案中的云服务提供商。本地 3 台计算机配置为戴尔 OptiPlex 3020 微型机，处理器为 Intel Core i5-4590@ 3.30GHz 四核，内存为 8GB，主硬盘为影驰 GX0128ML106-P(128GB 固态硬盘)，分别充当方案中的数据拥有者、授权机构和用户。部署的 Linux 系统为 CentOS 6.7，Hadoop 版本为 Hadoop-2.6.0，采用 C 语言并基于 PBC 函数库进行编程开发。

实验主要是测试本章所提 WV-CP-ABE 方案在文件加解密、云端数据重加密、二叉树生成及数据覆写验证等过程的时间消耗情况。

5.7.1　不同文件大小加密、解密时间实验

图 5.4 测试不同文件大小方案加密时间的消耗。首先是在访问控制策略固定为 15 个属性的情况下，为更好地构建现实的云存储环境，本章选用大小分别为 1MB、2MB、4MB、8MB、16MB、32MB、64MB、128MB 和 256MB 的文件测试文件的加密时间。而图 5.5 是在相同条件下测试用户解密数据的时间消耗图。从

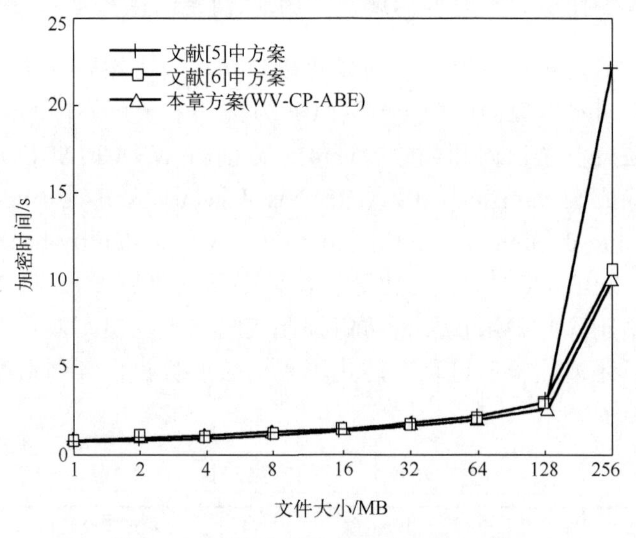

图 5.4　不同文件大小方案加密时间

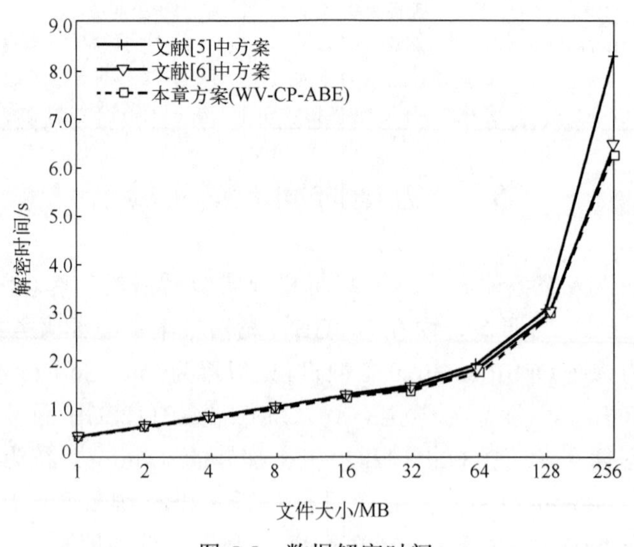

图 5.5　数据解密时间

图 5.5 中可以发现和文献[5]中方案、文献[6]中方案相比，加解密消耗时间随着文件的增多逐渐增加，但是文件增大到 256MB 时本章方案的加解密时间明显少于对比方案。主要原因是本章方案和文献[6]中方案采用 CA-ABE 加密，密文仅和一个访问控制策略有关，而文献[5]中方案采用 KP-ABE 加密，密文和属性相关，随着文件的增多，将属性关联到文件中时间消耗增大，导致对应的加解密时间增多。

5.7.2　不同属性个数加密解密、重解密时间实验

图 5.6 为测试在数据大小固定时，数据加解密时间随着访问控制策略中属性个数变化而变化的情况。根据云存储中个人数据使用的调查报告发现，云数据中文档类型占比最大，其次为照片类型。基于此情况本实验选用 1MB 大小的数据作为测试，分析已存在的加密方案同时结合本章的设计目标，属性个数大多数在 5～15 个变化，而当属性个数为 15 时已能满足方案安全要求。为此本实验数据大小固定为 1MB 情况下，访问控制策略 AC 里属性个数从 5 个增加到 15 个。从图 5.6 中可以看出随着访问控制策略里属性增多，数据加密和解密的时间大致呈线性上升关系，而且相同属性个数情况下，数据加密消耗时间小于数据解密时间消耗。

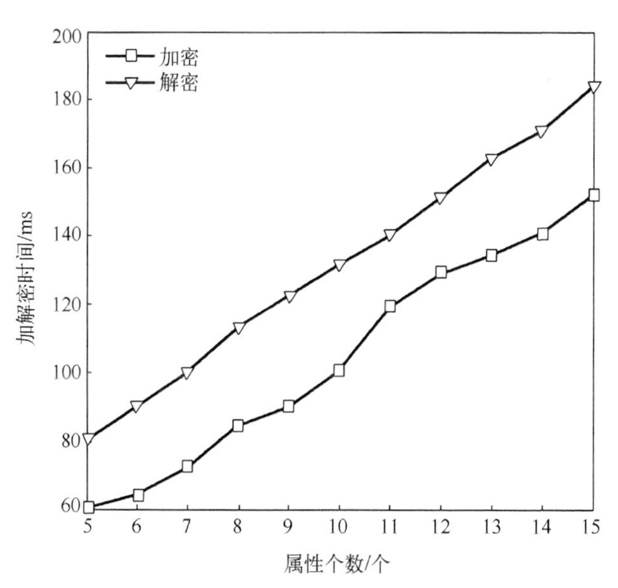

图 5.6　不同属性个数加解密时间消耗

图 5.7 测试的是不同属性个数情况下云端对密文中访问属性控制结构重加密的时间消耗图。在可信授权结构生成数据删除阶段的重加密密钥时，TA 只需要在

Z_p寻找一个随机数，所以计算时间消耗很小，而主要的时间消耗在云端访问控制策略重加密。当固定文件大小为 1MB 时，访问控制策略中属性个数从 5 个增加到 15 个，从图 5.7 中可以看出来，随着属性个数增多，时间消耗基本维持在 95ms 左右。

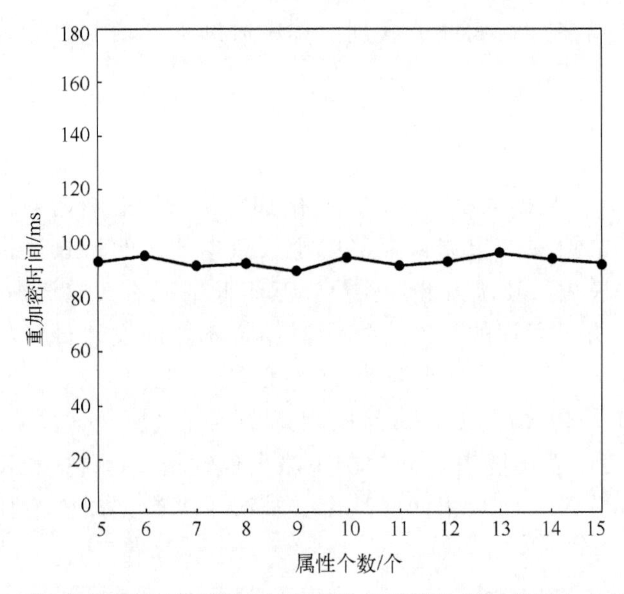

图 5.7　不同属性个数情况下云端对密文中访问属性控制结构重加密的时间消耗图

5.7.3　不同高度 DSMHT 生成时间实验

图 5.8 测试的是生成不同高度 DSMHT 的时间消耗图。数据分块的大小不同导致数据块个数不同，使 DSMHT 的高度也不同。为了不失一般性，当每个准备的脏数据块大小为 4KB 时，生成树的高度从 14 增加到 21，当树高度为 21 时，基本可以满足数据覆写验证要求。从图 5.8 中可以看出来随着树高度的增加，时间消耗不再呈线性关系。当高度为 21 时，时间消耗大约为 5.30s，在可接受的范围[7]。

5.7.4　数据覆写实验

表 5.2 测试的是对不同文件大小(1～64MB)进行覆写验证的时间消耗，从表中可以看出随着文件大小的增加，时间消耗逐渐增加。可以知道 64MB 大小的文件覆写的时间约为 2.7s，覆写验证时间为 9.45s，均在可接受的范围。

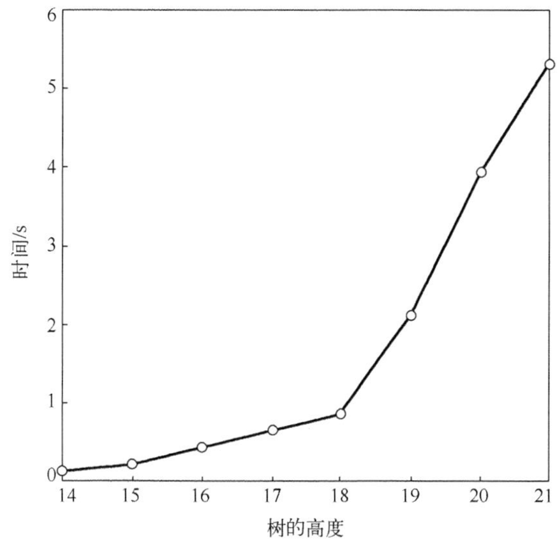

图 5.8　不同高度 DSMHT 的时间消耗图

表 5.2　不同大小数据覆写及覆写验证时间消耗

文件大小/MB	覆写时间/s	覆写验证时间/s
1	0.060	0.175
2	0.144	0.42
4	0.260	0.9
8	0.450	1.61
16	0.630	3.34
32	1.421	5.14
64	2.786	9.45

图 5.9 测试的是对不同文件大小(1～64MB)，采用全零覆写、随机覆写和本章方案覆写时的时间消耗图，从图中可以看出随着文件的增大，覆写时间消耗大致成比例增大，且本章方案的时间消耗虽然比全零覆写方式多，但是却和随机覆写方式的时间消耗基本一致。分析其原因，全零覆写模式直接对文件数据进行覆写，所以相同文件大小，时间消耗最少；随机覆写模式需要产生随机数，本章方案覆写模式需要读取生成好的脏数据，导致比全零覆写模式消耗时间多，而这两种模式的时间消耗大致相同。

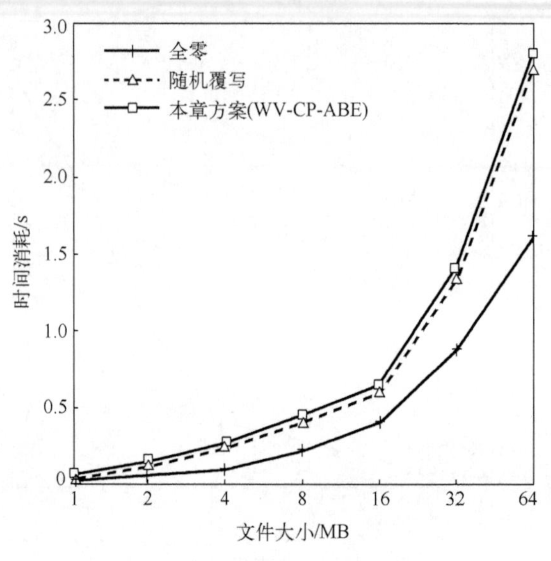

图 5.9　不同覆写方法时间消耗

5.8　本 章 小 结

本章主要对基于覆写验证的云数据确定性删除方案进行详细的阐述，首先介绍了本章方案中云存储系统的基本模型及面临的攻击模型，定义的敌手安全模型和本章方案的设计目标，本章方案的整体实施步骤为当数据删除时，采用重加密云端密文的访问控制策略，使数据文件不能解密；其次构建基于脏数据块覆写的可搜索路径哈希二叉树对云端密文进行覆写验证处理，保证删除过程正确地完成；最后通过敌手攻击游戏对本章方案进行了安全性分析，搭建仿真实验来测试本章方案的性能和效率。

参 考 文 献

[1] Geambasu R, Kohno T, Levy A, et al. Vanish: Increasing data privacy with self-destructing data[C]. ACM Conference on USENIX Security Symposium, New York, 2009: 299-316.

[2] Xiong J B, Yao Z Q, Ma J F, et al. A secure self-destruction scheme with IBE for the internet content privacy [J]. Chinese Journal of Computers, 2014, 37(1): 139-150.

[3] Yao Z Q, Xiong J B, Ma J F, et al. A secure electronic document self-destructing scheme in cloud computing [J]. Journal of Computer Research and Development, 2014, 51(7): 1417-1423.

[4] Xiong J B, Yao Z Q, Ma J F, et al. A secure self-destruction scheme for composite documents with attribute based encryption [J]. ACTA Electronica Sinica, 2013, 42(2): 366-376.

[5] Jung T, Li X Y, Wan Z, et al. Privacy preserving cloud data access with multi-authorities[C]. Proceedings of IEEE INFOCOM, New York, 2013: 2625-2633.

[6] Wang Q, Wang C, Li J, et al. Enabling public verifiability and data dynamics for storage security in cloud computing[C]. European Conference on Research in Computer Security, Berlin, 2009: 355-370.

[7] Yuan J, Yu S. Public integrity auditing for dynamic data sharing with multiuser modification[J]. IEEE Transactions on Information Forensics and Security, 2015, 10(8): 1717-1726.

第6章　基于聚类索引的多关键字排序密文检索方案

密文检索领域已经涌现出一大批优秀成果，且正朝着高安全、高精度和高效率目标方向前进，这极大地推动了云存储技术的发展。但是索引结构忽略了文件之间的联系，降低了检索精度。为了得到 top-K 个文件，在最坏的情况下，方案需要遍历整个索引树，效率低。因此需要设计高效的索引结构与检索算法来提高密文检索的效率，使用户有更好的可用性体验。

为了提高密文检索的效率和精度，本章提出基于聚类索引的多关键字排序密文检索方案 CTMRSE(multi-keyword ranked ciphertext retrieval scheme based on clustering index)。在构建索引树前利用改进的 Chameleon 算法对文件进行向量聚类，聚类过程中通过记录关键字位置对文件向量进行降维处理；然后引入 Jaccard 相似系数来计算文件向量之间的相似度及设定合适的阈值提高聚类质量；最后按照聚类结果构建索引树，直到生成根节点。本章提出适合聚类索引的查询算法，其查询的过程利用检索算法自上而下地进行查询。当访问的节点不是叶子节点时，选择与查询向量相似度最高的节点访问；当访问的节点为叶子节点时，利用排序算法按相似度高低将文件插入列表；如果列表中文件数量少于 K，回溯到其父亲节点访问，否则直接返回列表。该检索方法可以排除大量与查询向量无关的文件向量，减少了不必要的计算消耗，降低了查询的时间复杂度，提高了检索效率。在真实数据集上进行了实验，理论分析和实验结果表明：在保障数据隐私安全的前提下，本章方案与传统的密文检索方案相比可以有效地提高密文检索的效率与精度。

6.1　整 体 结 构

密文检索的系统架构图如图 6.1 所示，将云服务按功能不同分为 3 个实体：数据拥有者、用户和云服务器。

(1)数据拥有者：数据拥有者即数据的属主方，要搜集数据、进行数据分类、建立聚类索引及加密和上传数据与索引。此外，数据拥有者需要给用户合理的授权，分享密钥。

(2)用户：数据拥有者授权的用户，要设定返回的文档数 K，然后将查询的内容生成陷门 TD 发送给云服务器，在获得返回的 K 个文档后，使用共享密钥对文档进行解密。

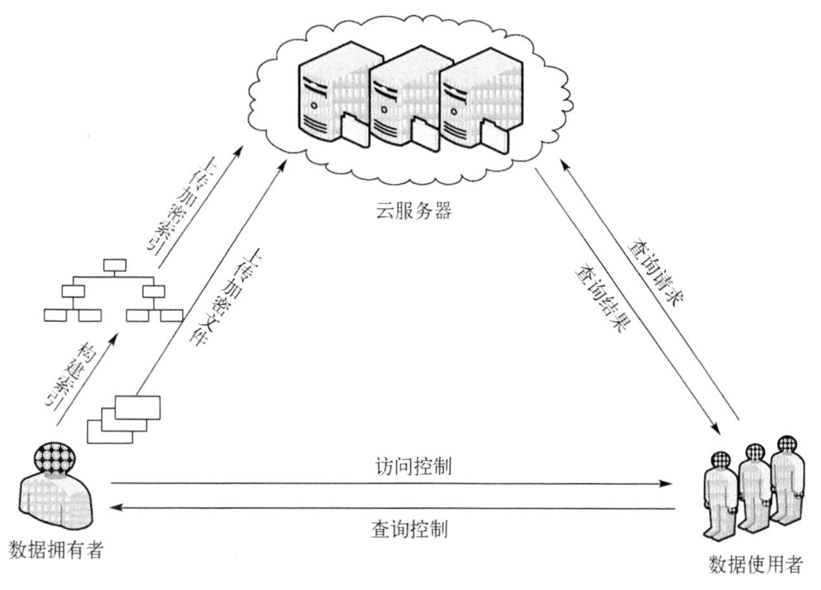

图 6.1　密文检索的系统架构图

(3) 云服务器：云服务器为密文检索提供了大量的计算和存储资源，接到数据使用者合法的查询请求时，云服务器需要根据查询算法及索引树进行计算，返回和查询最相关的前 K 个文档。

6.2　威胁模型分析

内部关键字猜测攻击(inside keyword guessing attack，IKGA)是指由内部敌手发起的、通过猜测并测试的方法，获取陷门中关键字信息的攻击方式。如果是云服务器作为内部敌手，即可通过这种攻击方式，获取文档中所包含的关键字信息。

下面详细介绍 IKGA 攻击的过程。内部敌手在拿到关键字陷门 TD 后，通过以下步骤对关键字词进行猜测。

(1) 首先，从关键字空间中随机选择关键字 w'，然后运行加密算法生成加密索引 I'。

(2) 运行查询算法 Search(I', TD)，若该算法输出 $D(w)$，则意味着 $w'=w$，因此敌手就知道了陷门 TD 所指定的关键字；否则，继续执行步骤(1)。

如果攻击成功且该敌手是云服务器，那么敌手对用户存储在云上的加密索引运行 Search 算法，即可知道哪些文档包含了陷门中指定的关键字信息，因此，用户数据的安全性及用户隐私的安全性都会受到极大的威胁。

6.3 Chameleon 算法介绍

Chameleon 算法[1]是一种层次聚类算法，其运作模型如图 6.2 所示，每个顶点代表 1 个文件对象，每个文件对象用 n 维向量来表示，连接 2 个顶点边的权重值为这 2 个文件之间的相似度。聚类过程分为 3 个步骤：用 k 最近邻算法构建稀疏图，k 值对算法的结果会产生很大的影响，要设定适当的取值；在保证割边最小化的情况下，将图划分成多个小簇；使用凝聚层次聚类算法，基于子簇的相似度反复合并子簇，其中，minMex(度量函数阈值)取值过小容易发生过拟合，minMex 取值较大则导致近似误差增大，因此也要设定合理值。其中，$\mathrm{RI}(c_i, c_j)\cdot\mathrm{RC}(c_i, c_j)^{\alpha}$ 是度量函数。当 $\alpha>1$ 时，表示更重视相对近似性；当 $\alpha<1$ 时，表示更重视相对互连性；当 $\alpha=1$ 时，表示 2 个量度标准有相等的权重。

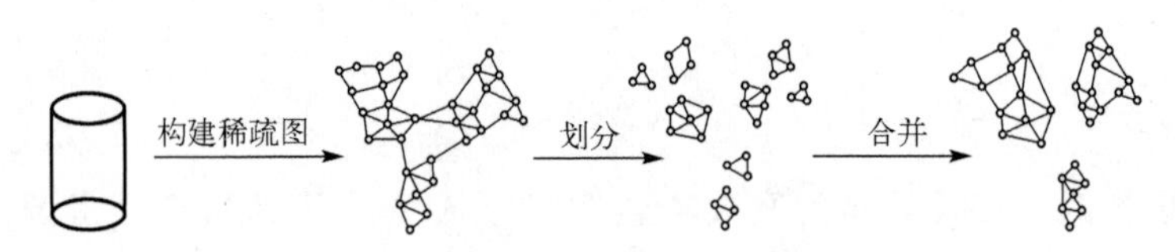

图 6.2 Chameleon 算法的运作模型

6.4 Chameleon 算法的改进

1. 向量降维

在建立索引前对文件集向量进行聚类用到的是 Chameleon 算法。选择 Chameleon 算法来聚类是因其在聚类的过程中不仅考虑每个簇之间的互联性，而且考虑簇的邻近性，动态聚类结果质量高，可以提高后期检索效率与精度。但 Chameleon 算法聚类代价较高，为了降低聚类时间需对文档向量进行降维处理。

每个文件对应 1 个 n 维的文档向量，文件包含的关键字在向量中对应的位置为 1，其他位置都为 0。1 个文件一般只会包含极少量的关键字[2]，即每个 n 维的文档向量中包含大量的 0，文档向量之间的相似度计算会带来不必要的开销。因此，将高维向量通过记录关键字的位置进行降维处理可以减少不必要的计算消耗，从而提高聚类的效率。假设关键字数 n=1000，则每个文档向量的维度为 1000，通过记录关键字的位置降维，每个位置只需要用 10 位二进制来表示。如图 6.3 所示，向量 D_1 和 D_2 分别为文件 1 与文件 2 的文件向量，D_1 中的 1 对应的位置为 8、35、255、985，即文件 1 包含关键字集中的 4 个关键字$\{w_8, w_{35}, w_{255}, w_{985}\}$。$D_2$

中的 1 对应的位置为 8、35、129、255、768，即文件 2 含有关键字集中的 5 个关键字$\{w_8, w_{35}, w_{129}, w_{255}, w_{768}\}$。图 6.3 为通过记录关键字位置将向量 D_1 和 D_2 转化为向量 A_1 和 A_2 的过程，随着文件向量的维数增加，基于位置降维效果会更明显，聚类效率相应提高。

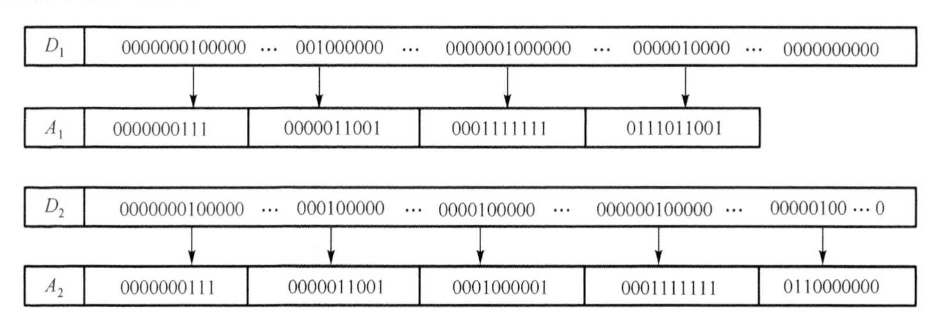

图 6.3　文件向量 D_1 与 D_2 的降维过程

2．相似度

在 Chameleon 算法中利用 k 最近邻算法构建稀疏图时，连接 2 个边的权重值是 2 个文件向量的相似度(邻近图中的文件向量是经过降维处理的)。为了在高维空间得到有意义的簇，提高聚类结果的质量，引入 Jaccard 相似系数计算经过降维处理的文件向量之间的相似度。Jaccard 相似系数是衡量 2 个集合相似度的一种指标，用 Jaccard 相似系数计算高维向量之间的相似系数时，用 $J(D_1, D_2)$表示：

$$J(D_1, D_2) = \frac{p}{p+q+r} = \frac{p}{n-s} \tag{6.1}$$

式中，p 是文件 1 与文件 2 包含相同关键字的个数；q 是文件 1 包含而文件 2 不包含关键字的个数；r 是文件 2 包含而文件 1 不包含关键字的个数；s 是文件 1 与文件 2 都不包含关键字的个数。

文件向量 D_1 与 D_2 经过降维后得到 A_1 与 A_2(图 6.3)，$J(D_1, D_2)$可以通过 A_1 与 A_2 来计算，由于 A_1 与 A_2 记录着文件 1 与文件 2 包含关键字的位置，且相同的关键字在文档向量中对应的位置相同，可以通过对比记录的关键字的位置迅速地计算出 p、q、r、s 的值，不需要对比向量 A_1 与 A_2 的每个位，在提高聚类质量的同时也提升了聚类效率。例如，图 6.3 中文件向量 D_1 和文件向量 D_2 之间的 Jaccard 相似系数为 1/4。

3．改进的 Chameleon 算法

在 Chameleon 算法中引入 Jaccard 相似系数来计算文件向量之间的相似度，

在聚类过程中通过记录关键字位置对文件向量进行降维处理的算法如算法 6.1 所示。

算法 6.1　改进的 Chameleon 算法

输入：文件集合 F；

输出：聚类结果。

1. for each file f_i in C do
2. 　$D_i \leftarrow$ RedDimPro(f_i);
3. 　$d \leftarrow$ JaccardCoef(D_i, D_j);
4. 　if(d==MinDistance&& Num$<=k$) then
5. 　　Connection(D_i, D_j);
6. 　　Num++;
7. 　end if
8. end for
9. Built k-nearest graph;
10. for each cluster C_i in ClusterList
11. 　C_i, $C_j \leftarrow$ EC(C_i);
12. 　EC(C_i, C_j) $\leftarrow$ AbsolutInter(C_i, C_j);
13. 　EC(C_i) $\leftarrow$ Inter(C_i);
14. 　RI(C_i, C_j) $\leftarrow$ Relative(C_i, C_j);
15. 　SEC{C_i, C_j} $\leftarrow$ AbsolutClose(C_i, C_j);
16. 　SEC{C_i} $\leftarrow$ InterClose(C_i);
17. 　RC(C_i, C_j) $\leftarrow$ RelativeClose(C_i, C_j);
18. 　tempMetric=max{RI(C_i, C_j)·RC(C_i, C_j)};
19. 　minMex $\leftarrow$ SetThreshold;
20. 　if (tempMetric >minMex) then
21. 　　New $C_i \leftarrow$ Merge(C_i, C_j);
22. 　else
23. 　　Delete C_i from ClusterList;
24. 　end if
25. end for

在算法 6.1 中，RedDimPro(f_i)为文件 f_i 生成文档向量，并对文档向量进行降维的函数；JaccardCoef(D_i, D_j)为用 Jaccard 相似系数来计算文件向量 D_i 和 D_j 之间相似度的算法；RI(C_i, C_j)为簇 C_i 和 C_j 的互联度，如式(6.2)所示；RC(C_i, C_j)为簇 C_i 和 C_j 的相对近似度，如式(6.3)所示。

$$\mathrm{RI}(C_i,C_j)=\frac{\left|\mathrm{EC}_{|C_i,C_j|}\right|}{\frac{1}{2}\left(\left|\mathrm{EC}_{|C_i|}+\mathrm{EC}_{|C_j|}\right|\right)} \tag{6.2}$$

式中，$\left|\mathrm{EC}_{|C_i,C_j|}\right|$为连接簇 C_i 和 C_j 的所有边的权重和。$\mathrm{EC}_{|C_i|}$（$\mathrm{EC}_{|C_j|}$）为把簇 $C_i(C_j)$ 划分成 2 个大致相等部分的最小等分线切断的所有边的权重和。

$$\mathrm{RC}(C_i,C_j)=\frac{\overline{S}_{\mathrm{EC}_{|C_i,C_j|}}}{\frac{|C_i|}{|C_i|+|C_j|}\overline{S}_{\mathrm{EC}_{C_i}}+\frac{|C_j|}{|C_i|+|C_j|}\overline{S}_{\mathrm{EC}_{C_j}}} \tag{6.3}$$

式中，$|C_i|$为子簇 C_i 包含数据点的数量；$|C_j|$为子簇 C_j 包含数据点的数量。$\overline{S}_{\mathrm{EC}_{|C_i,C_j|}}$ 为连接簇 C_i 和 C_j 边的平均权重，即 $\overline{S}_{\mathrm{EC}_{|C_i,C_j|}}=\frac{\mathrm{EC}_{|C_i,C_j|}}{|C_i|+|C_j|}$；$\overline{S}_{\mathrm{EC}_{C_i}}$（$\overline{S}_{\mathrm{EC}_{C_j}}$）为小二分簇 $C_i(C_j)$ 的边的平均权重，即 $\overline{S}_{\mathrm{EC}_{C_i}}=\frac{\left|\mathrm{EC}_{C_i}\right|}{|C_i|^2}$，$\overline{S}_{\mathrm{EC}_{C_j}}=\frac{\left|\mathrm{EC}_{C_j}\right|}{|C_j|^2}$。

利用改进的 Chameleon 算法对文件向量进行聚类可以提高聚类质量，从而提高检索精度。此外先聚类再建立索引可以提高检索的效率。

6.5　文件向量聚类结果

为了更好地显示聚类过程，从文件集合$\{f_1, f_2,\cdots,f_m\}$中选取 12 个文件，根据改进的聚类算法将文件动态聚类得到 D、E、F、H 和 G 这 5 个簇。图 6.4 为文件

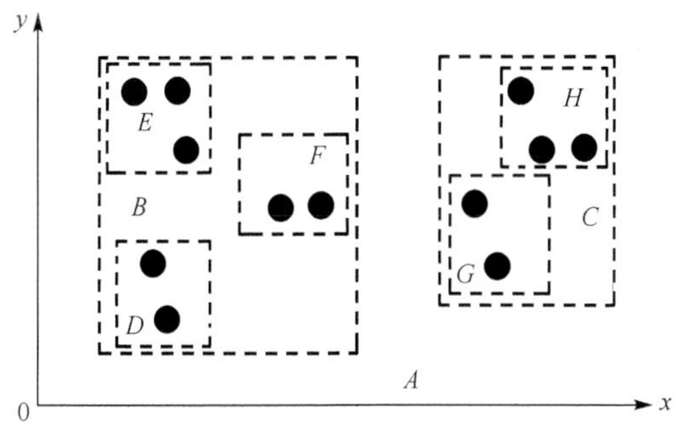

图 6.4　聚类过程

向量映射在 2 维平面上的效果图，其中簇 D、E、F 相似度分数高，将 D、E、F 这 3 个簇聚为一类，类似地可将簇 H、G 聚为一类。

6.6 可搜索加密方案的整体设计

6.6.1 具体方案

1. SK←setup$(1^n, u)$

首先，数据拥有者从$\{f_1, f_2,\cdots, f_m\}$中提取出 n 个关键字集$\{w_1, w_2, \cdots, w_n\}$；然后，随机生成 1 个 $n+u+1$ 维的向量 S 作为分割指示向量，同时生成 2 个$(n+u+1)\times(n+u+1)$可逆矩阵(M_1, M_2)，组成密钥 SK=$\{S, M_1, M_2\}$。

2. I←Genindex$(F$, SK$)$

在生成文档向量前，数据拥有者使用式(6.4)计算关键字权重[3-9]，如下：

$$p_j = \frac{\mathrm{TF}(w_j)\times \mathrm{IDF}(w_j)}{\sqrt{\sum_{i=1}^{n}[\mathrm{TF}(w_i)\times \mathrm{IDF}(w_i)]^2}} \tag{6.4}$$

式中，TF 为特征项频率，即关键字在文档中出现的次数；IDF 为逆文档频率，与出现该关键字的文档个数成反比，$\mathrm{IDF}=\lg\frac{N}{\mathrm{idf}}$，$N$ 为词典中词的个数，idf 为包含该词的文档个数；w_j 为关键字。然后基于向量空间模型，数据拥有者为每篇文档 f_i 生成 1 个文档向量 D_i，如图 6.5 所示，若文档 f_i 中包含关键字 w_j，则 $D_i[j]=1$，否则 $D_i[j]=0$。接着将文档 $D_i[j]$中值为 1 的位置置为该关键字的权重 p_j。然后根据聚类结果建立索引，通过向量 S 将索引中所有节点的中心向量分割为 2 个子向量 D_i' 和 D_i''。若 $S[i]$为 1，则 D_i' 和 D_i'' 都为随机值，且它们之和为 D_i；若 $S[i]$为 0，则 $D_i'=D_i''=D_i$。最后，通过 2 个矩阵 M_1 和 M_2 对索引树进行加密。对索引树中每个节点的 2 个向量进行加密，得到 $I_i=(M_1^{\mathrm{T}}D_i', M_2^{\mathrm{T}}D_i'')$，然后加密后的索引 I 被上传到云端。

3. TD←GenTrapdoor$(Q_W$, SK$)$

如图 6.6 所示，用户根据文件的关键字在词典中是否出现设置 Q_W，如果文件的关键字在词典中出现，则对应位置 $Q[i]$的值为 1；否则为 0。然后，通过向量 S 对 Q_W 进行分割：当 $S[i]$值为 1 时，$Q[i]'=Q[i]''=Q[i]$；当 $S[i]$值为 0 时，$Q[i]'$ 和

$Q[i]''$ 取随机值，但它们的和为 $Q[i]$。通过矩阵 M_1 和 M_2 对 Q' 与 Q'' 进行加密，陷门可以表示为 $TD=(M_1^{-1}Q',M_2^{-1}Q'')$。

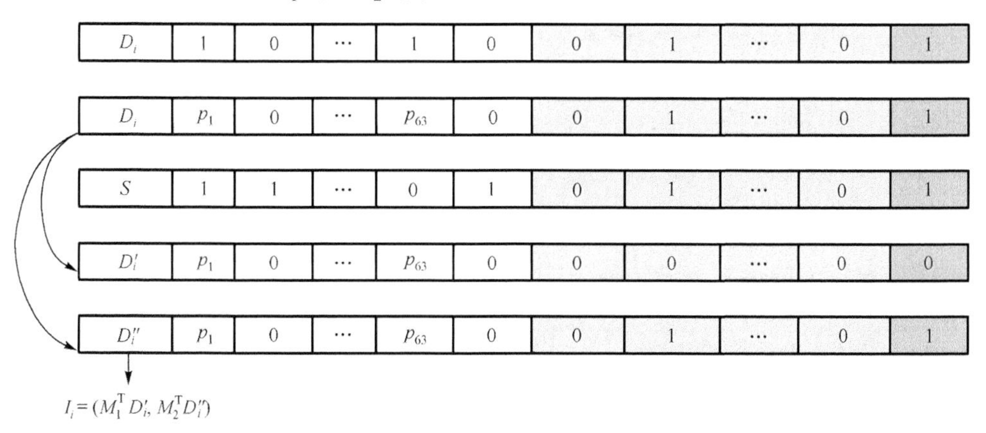

图 6.5　索引树加密过程

W	w_1	w_2	⋯	w_{n-1}	w_n	w_{n+1}	w_{n+2}	⋯	w_{n+u}	w_{n+u+1}
Q_W	1	0		1	0	0	1	⋯	0	1
S	1	1		0	1	0	1	⋯	0	1
Q'	1	0		0	0	0	1	⋯	0	1
Q''	1	0		1	0	0	1	⋯	0	1

$\mathrm{TD}=(M_1^{-1}Q', M_2^{-1}Q'')$

图 6.6　陷门生成过程

4. $E_K \leftarrow \mathrm{Query}(I, \mathrm{TD}, K)$

通过陷门 TD，云服务器利用检索算法自上而下地进行检索，先计算陷门与根节点所有子节点的相关度，得到相关度最高的子节点；然后访问该子节点的所有子节点，以此类推，直到找到目标簇。如果该簇的文件量小于返回文件数 K，回溯到其父亲节点，遍历其兄弟节点的子节点，直到找到相似度分数最高的前 K 个文档向量，返回给用户。其中，相关度分数的计算为

$$
\begin{aligned}
\mathrm{RScore} &= \mathrm{TD}\cdot I_i \\
&= M_1^{\mathrm{T}}D_i'\cdot M_1^{-1}Q' + M_2^{\mathrm{T}}D_i''\cdot M_2^{-1}Q'' \\
&= (M_1^{\mathrm{T}}D_i')^{\mathrm{T}}\cdot M_1^{-1}Q' + (M_2^{\mathrm{T}}D_i'')^{\mathrm{T}}\cdot M_2^{-1}Q''
\end{aligned}
$$

$$
\begin{aligned}
&= (D_i')^{\mathrm{T}} M_1 \cdot M_1^{-1} Q' + (D_i'')^{\mathrm{T}} M_2 \cdot M_2^{-1} Q'' \\
&= D_i' \cdot Q' + D_i'' \cdot Q'' \\
&= D_i \cdot Q_W
\end{aligned}
\tag{6.5}
$$

5. $F_K \leftarrow \mathrm{Dec}(E_K, \mathrm{SK})$

用户接收云服务器返回的密文 E_K 后利用密钥 SK 解密，得到明文 F_K。

6.6.2 构建索引

构建聚类索引树的算法如算法 6.2 所示。

算法 6.2　构建聚类索引树的算法

输入：文件集 F;

输出：根节点 rootNode。

```
MakeIndexTree(F)
1. InitQueue(*Q);
2. for each document f_i in F do
3.     v←D_i;
4.     EnQueue(SqQueue Q, QElem v);
5. end for
6. while(QueueLength(SqQueue Q)>1) do
7.     for each data in Q do
8.         C_i←Chameleon(Q->data);
9.     end for
10. end while
11. for each cluster C_i do
12.     Comput Cluster Center M_i;
13.     ParentNode PN←M_i;
14.         if((Q->rear+1)%MaxSize==Q->front) then
15.             return 0;
16.         else
17.             EnQueue(SqQueue Q, QElem PN);
18.             N←QueueLength(SqQueue Q);
19.             DeQueue(LinkQueue *Q, N, NodeSet);
20.         end if
```

```
21. end for
22. rootNode←Q->data;
23. return rootNode.
```

在算法 6.2 中，QueueLength(SqQueue Q)为求队列 Q 长度的算法；EnQueue (SqQueue Q, QElem PN)是将元素 PN 插入队列 Q 的队尾；DeQueue (LinkQueue *Q, N, NodeSet)将队列 Q 前 N 个元素全部删除，再把删除的元素插入 NodeSet 中。

6.6.3 检索过程

查询算法如算法 6.3 所示。

算法 6.3　查询算法

```
输入：索引树 T；
输出：搜索结果文件集 Rlist。
GDFABTS(IndexTreeNode)
1. if u.child is not a leaf node then
2.   max←0;
3.   while(u.child) do
4.       Compute RScore(u.child, Q_W);
5.       if(u.child>max) then
6.          max←RScore(u.child, Q_W);
7.       else
8.          return
9.       end if
10.  end while
11.  GDFABTS(u.child);
12. else
13.  while(u.child) do
14.  SORT(Rlist, u.child, RScore(u.child, Q_W));
15.  end while
16.  if (Rlist.num =K) then
17.      return Rlist;
18.  else
19.      GDFABTS(u.rightsib);
```

```
20.     end if
21. end if
```

在算法 6.3 中，RScore(*u*.child, Q_W)为计算节点 *u*.child 中存储的文件向量与查询向量相关分数的算法；GDFABTS(*u*.rightsib)为回溯算法；SORT(Rlist, *u*.child, RScore(*u*.child, Q_W))为按照相关分数排序的算法。

图 6.7 是由图 6.4 的聚类结果根据构建索引算法生成的索引树，以图 6.7 中的索引树为例，设 K=4，n=5，查询向量 Q_W=(0, 1, 0, 1, 1)，图 6.7 中的向量都尚未加密。从根节点 *A* 开始搜索，先计算查询向量和根节点 *A* 的 2 个子节点 *B* 与 *C* 的相似度分数。由于查询向量与节点 *C* 的相似度分数高，接下来搜索节点 *C* 的子节点，经过计算得到查询向量与节点 *H*、*G* 中的 *G* 相似度最高，接着查询节点 *G* 的子节点，根据检索算法，由于 *G* 的子节点是叶子节点，则用直接插入算法按照相关度分数的大小依次将其插入 Rlist 中。要求返回 4 个文件，目前 Rlist 中只有 2 个文件，则回溯到节点 *C* 查询另 1 个子节点 *H*。同样利用直接插入算法将其子节点按照相似度分数插入 Rlist。最终返回文件的是图 6.7 中的①②③④(其中①②为节点 *G* 的子节点，③④为节点 *H* 的子节点)。

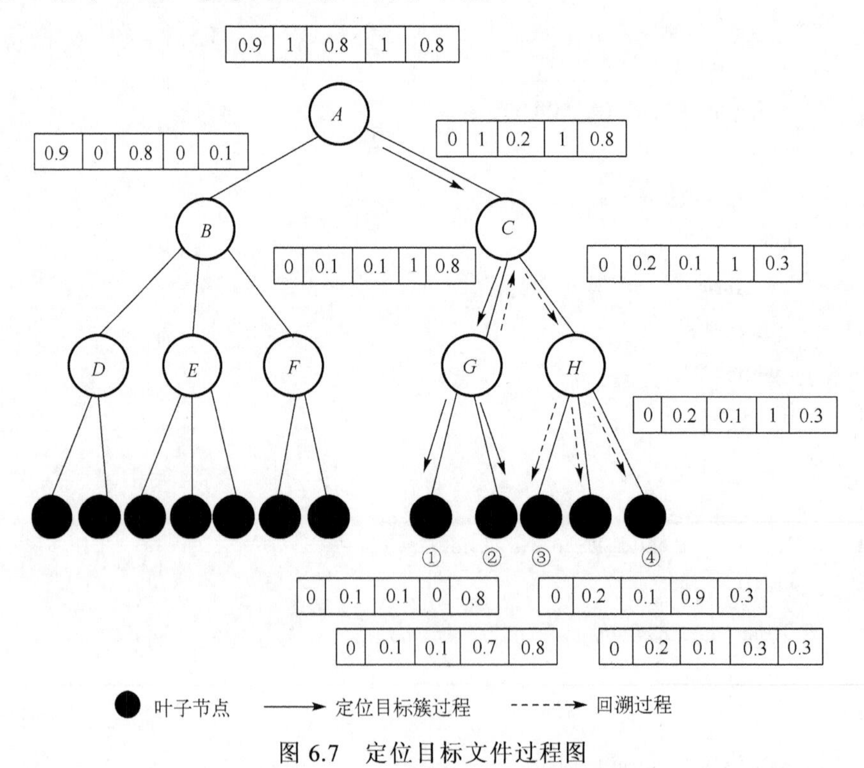

图 6.7　定位目标文件过程图

6.7　检索效率、精度与安全分析

1. 查询效率分析

查询过程可以分为陷门生成与查询两部分。如表 6.1 所示，传统的 MRSE (multi-keyword ranked search scheme)、EDMRS (enhanced dynamic multi-keyword ranked search) 和 CTMRSE 方案陷门生成的时间复杂度只与关键字个数有关，不随着文件集的增长而增长，时间复杂度都为 $O(1)$。在查询阶段传统的 MRSE 方案未建立索引，服务器需要计算查询向量与每个文件向量之间的相似度并排序返回 top-K 个文档，时间复杂度为 $O(m)$。EDMRS 方案在搜索过程中利用深度优先搜索算法，搜索的时间复杂度是 $O[\theta n \mathrm{lb}(m)]$。其中，$\theta$ 为查询中包含 1 个或多个关键字的叶子节点数量，θ 一般大于所需文件数量 K，但远远小于文件数量 m；$\mathrm{lb}(m)$ 平衡二叉树的高度；$O(n)$ 为计算相似度分数的复杂度。CTMRSE 方案先聚类再构建索引树，查询时使用本章方案检索算法可以快速地定位到最匹配的簇，从根节点到目标簇的路径上涉及的节点总数不超过 $\log_{\lceil \frac{h}{2} \rceil} \frac{(m+1)}{2}+1$，因此在最坏情况下检索的时间复杂度为 $O(\partial n \log_{\lceil \frac{h}{2} \rceil} \frac{(m+1)}{2})$。其中，$h$ 为每个簇含有文件数量的最小值；∂ 为用 CTMRSE 方案检索需要求相似度的叶子节点数，∂ 大于返回文档数 K 且小于 θ 值。

表 6.1　时间复杂度对比表

方案	生成陷门	查询
MRSE	$O(1)$	$O(m)$
EDMRS	$O(1)$	$O[\theta n \mathrm{lb}(m)]$
CTMRSE	$O(1)$	$O\left(\partial n \log_{\lceil \frac{h}{2} \rceil} \frac{(m+1)}{2}\right)$

2. 检索精度分析

文档之间的关系通常被隐藏在加密过程中[4]，这将导致搜索精度显著下降。较好的查询结果应该保持查询文档与文档之间的相似度，相似度越高，检索精度越高。本章方案由式(6.6)量化检索精度：

$$S_K = \sum_{i=1}^{K} \mathrm{RScore}(Q_W, D_i) \Big/ \sum_{i=1}^{K'} \mathrm{RScore}(Q_W, D_i) \tag{6.6}$$

式中，K 为最终密文检索返回的前 K 个文件；K'为明文查询中返回的前 K 个文件，$\text{RScore}(Q_W, D_i)$为查询向量 Q_W 与返回结果集中文档的相似度。

传统的 MRSE 方案在加密 D_i 过程中及 EDMRS 方案在索引构建过程中将文档之间的相关性忽略，导致检索精度下降。经式(6.6)推导，CTMRSE 方案中相关度分数 $\text{RScore} = \text{TD} \cdot I_i = D_i \cdot Q_W$，即密文检索计算的相关度分数与明文检索的相同。另外，CTMRSE 方案在建立索引之前对文件进行聚类，经过检索算法搜索返回结果集的文件在同一个簇或者相邻簇，而文件的相关度与聚类质量有关，聚类质量越高，搜索结果集的文件相关度越高。为了提高聚类质量，在聚类过程中引入 Jaccard 相似系数来计算文件向量之间的相似度及设定合适的阈值降低误差率。因此查询向量与结果集的文件相关度高。

3. 安全分析

(1)索引和查询保密性。CTMRSE 方案用随机的 $n+u+1$ 维向量 S 对文档向量 D_i 与查询向量 Q_W 进行分割，可以保障文档在已知背景攻击模型中的索引确定性和查询保密性。同时矩阵 M_1 和 M_2 对向量进行变换的难以确定性使保密性进一步增强。

(2)查询无关联性。向量添加 u 维的同时从中随机选择 v 维并将其值置为 1，且最后 1 维的值被置为随机值，相同的搜索请求将产生不同的查询向量并接收不同的相关性分数分布，从而更好地保护查询无关联性。

(3)关键字隐私。云服务器能够通过分析关键字的 TF 分布直方图来推断识别关键字[5]。CTMRSE 方案采取添加维度且随机赋值的加密方式能抵抗已知背景模型中的统计攻击。

6.8　方案实验开销

本章方案实验使用国内云存储提供商阿里云的云存储平台(搭载 CentOS 7.3 64 位系统，主频为 2.5GHz 的 4 核 CPU，内存为 16GB，内网网速为 0.8Gbit/s，公网网速为 100Mbit/s，系统盘为 40GB 高效云盘)搭建存储系统。原型系统的开发和测试环境基于 CentOS 7.3 的 Linux[6]平台，具体硬件配置是 intel Core i7-6700 (3.40GHz)处理器，配备 8GB 内存和网速为 1Gbit/s 的校园网。实验数据使用 20431 篇英文新闻作为测试数据集[4]，共有 20 个类别，类别是非均匀的。然后通过全文检索工具 Lucene[7]用分词器对纯文本字节流进行分词，滤掉 26.1%的停用词(如 as, but)，对这些文档进行关键字提取，形成 7200 个关键字集合。

1．聚类效率与精度

首先为了验证改进的(CTMRSE)方案提高了聚类效率，对改进方案与未改进(EDMRS)方案的聚类时间进行实验，实验使用 m=3000 的文件集合，字典大小 n=1000。实验结果如图 6.8(a)所示，未改进方案聚类时间比改进方案所需时间明显多很多。因此，用改进的方案使得聚类效率有了很大提升。图 6.8(b)是本章方案与文献[8]中的 EDMRS 方案对于构建索引所需时间进行对比的实验，实验表明 EDMRS 方案构建二叉平衡树与本章方案根据聚类结果动态地构建索引树所用的时间基本保持一致。

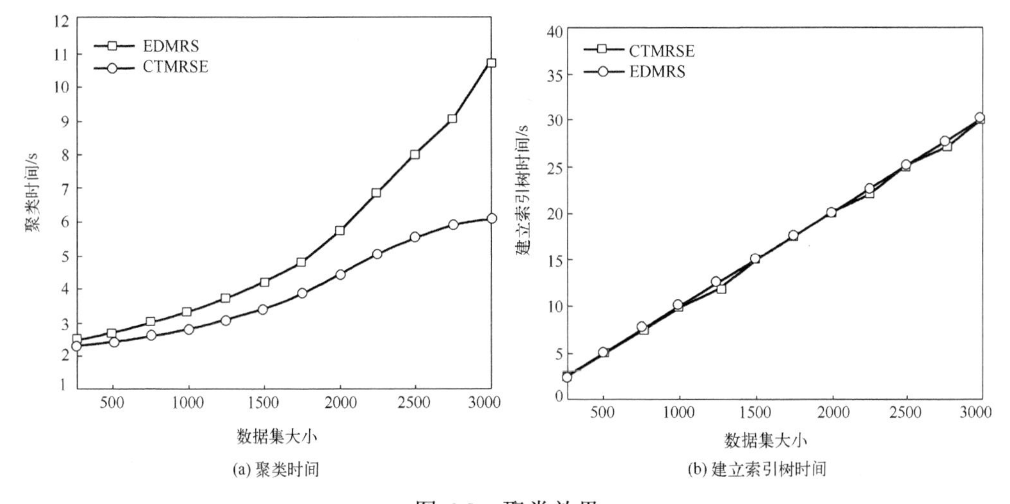

(a) 聚类时间　(b) 建立索引树时间

图 6.8　聚类效果

由于 k 值与度量函数 minMex 取值过小容易发生过拟合，较大则导致近似误差增大，对聚类结果有巨大影响，实验通过聚类结果的误差率来确定 k 值与 minMex 取值。文件数量相同即 m=1000 时，如图 6.9(a)所示，k=6 时误差最小。minMex 的取值不同得到聚类结果的误差率不同，如图 6.9(b)所示，文件数量 m=1000，minMex=0.18 时误差率最小。但 minMex 取值随着文件数量的变化保持不变。因此，通过对 k 值与 minMex 设定合适取值可以使聚类结果误差率降低，提高了聚类结果质量，从而提高检索的精度。

2．检索效率

授权用户在进行检索时，总希望快速地得到检索结果，为了检测 3 个方案(MRSE、EDMRS 和 CTMRSE)的检索效率，分别在文档数、授权用户要求返回文档数量及关键字个数不同时进行实验，实验结果如图 6.10 所示。由于方案 MRSE

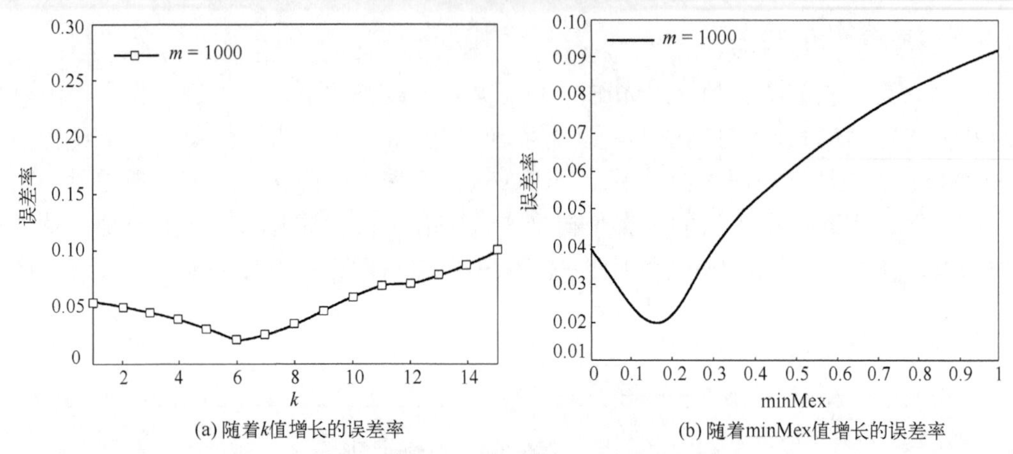

(a) 随着k值增长的误差率　　(b) 随着minMex值增长的误差率

图 6.9　取不同阈值对应的误差率

查询时需要计算所有的密文文档向量和密文查询向量之间的相似度，时间复杂度为 $O(m)$，在图 6.10(a)中，当文档集合的文档数量按照指数级增加时，MRSE 方案的查询响应时间也呈指数级增长趋势。而 EDMRS 方案和 CTMRSE 方案的时间复杂度与索引树的层次相关，都是近似线性增长，但是对于相同的文档数构建的索引树，CTMRSE 方案中树的层次比 EDMRS 方案少，因此 CTMRSE 方案查询时间增长更缓慢，检索效率最高。无论用户要求返回多少文件，MRSE 方案没有用到索引树，需要与所有的文件向量计算相似度，再根据相似度大小进行排序，在图 6.10(b)中查询时间几乎不变，但是 MRSE 方案的查询时间最长。随着用户要求返回文档数量的增加，查询时要计算相似度的叶子节点数量增多，即 θ 与 δ 的值增大，在图 6.10(b)中 EDMRS 方案和 CTMRSE 方案的查询时间都增加，但是比较稳定。由于 $\theta>\delta$，CTMRSE 方案的查询时间最少。随着关键字集合中关键字数量的增多，在计算查询向量与文档向量的相似度时，计算时间增加，尤其是 MRSE 方案，要计算与所有文件向量的相似度，在图 6.10(c)中 MRSE 方案增长幅度最高，查询时间最长。EDMRS 和 CTMRSE 方案的查询时间也会随着关键字集合中关键字数量的增多而增加，图 6.10(c)中，EDMRS 方案和 CTMRSE 方案查询时间增加得都比较稳定，CTMRSE 方案的查询效率最高。

3．结果集相似度与排序隐私度对比

用户不仅看重检索效率，还在乎检索的精度和隐私安全。实验通过查询向量与结果集的相似度来度量检索的精度，如图 6.11(a)所示，当关键字数量变化时，CTMRSE 方案相似度最高，具有明显优势。实验通过结果集排序隐私度检测 MRSE、EDMRS、CTMRSE 方案的隐私安全性，如图 6.11(b)所示，CTMRSE 方案的排序隐私度最高，安全性高。

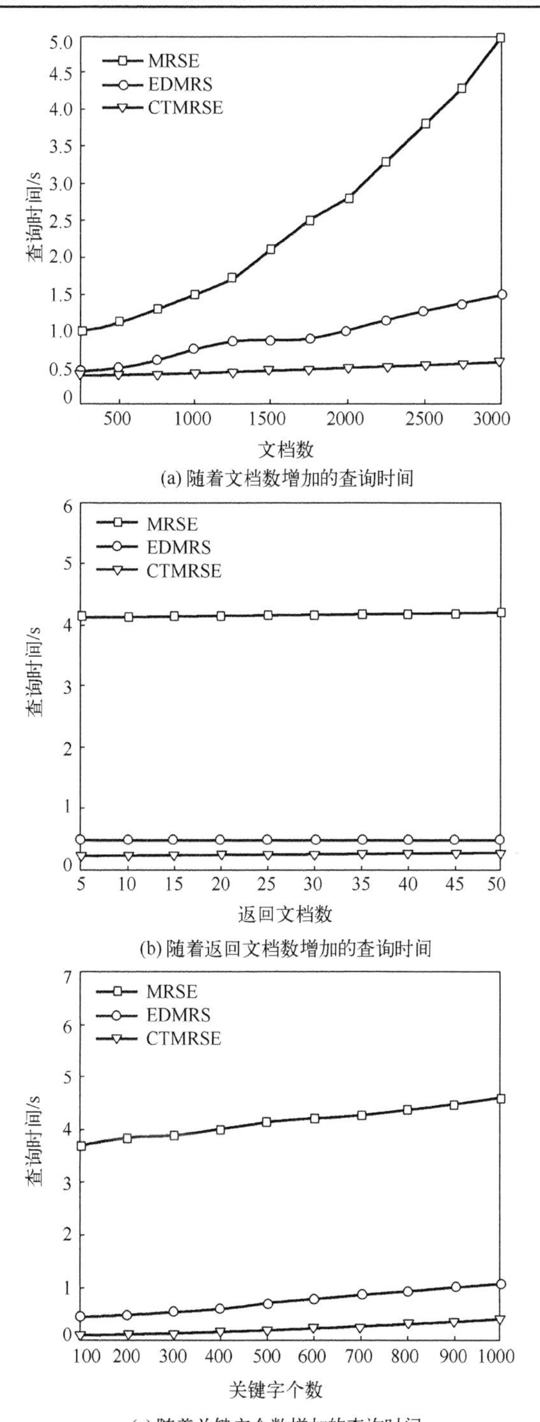

MRSE
EDMRS
CTMRSE
查询时间/s
5.0
4.5
4.0
3.5
3.0
2.5
2.0
1.5
1.0
0.5
0
500
1000
1500
2000
2500
3000
文档数
(a) 随着文档数增加的查询时间
MRSE
EDMRS
CTMRSE
查询时间/s
6
5
4
3
2
1
0
5
10
15
20
25
30
35
40
45
50
返回文档数
(b) 随着返回文档数增加的查询时间
MRSE
EDMRS
CTMRSE
查询时间/s
7
6
5
4
3
2
1
0
100
200
300
400
500
600
700
800
900
1000
关键字个数
(c) 随着关键字个数增加的查询时间

图 6.10　查询效率

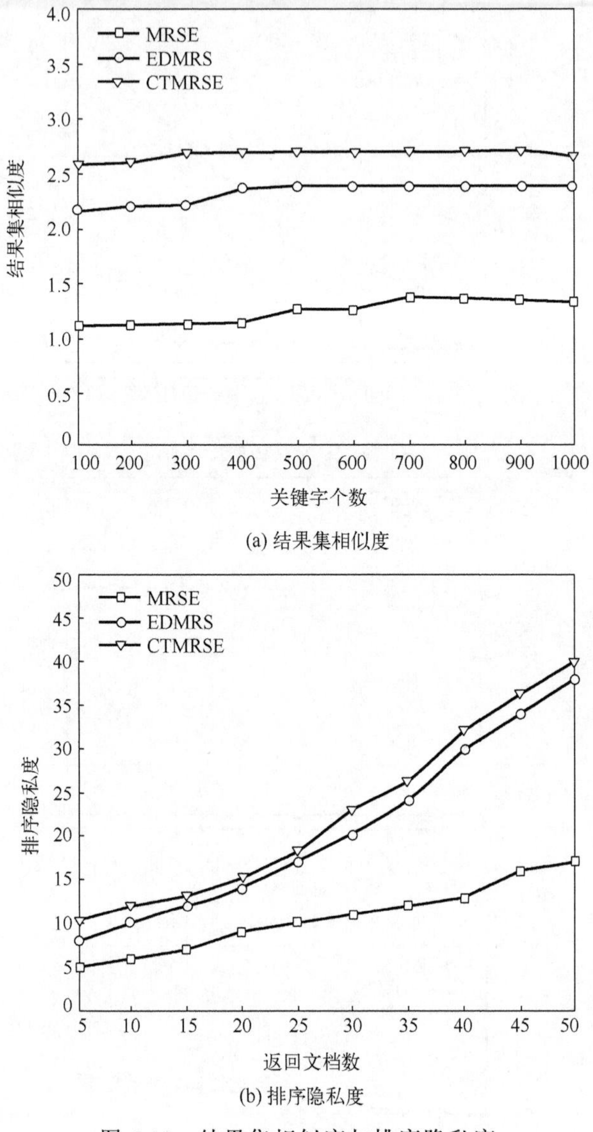

(a) 结果集相似度

(b) 排序隐私度

图 6.11　结果集相似度与排序隐私度

6.9　本 章 小 结

本章提出了基于聚类索引的多关键字排序密文检索方案，并分别对本章方案的设计目的、主要思想、方案的系统模型和安全模型及具体方案进行了详细介绍。本章方案主要利用对文件向量的聚类建立文件之间的联系，在查询的过程中可以排除大量与查询向量无关的文件，实现密文的高效检索。最后，对本章方案的陷门生成算法和查询算法的时间复杂度、结果集相似度、索引和查询的保密性、查询无关联性和关键字隐私进行了分析，并通过建立密文检索实验平台验证了本章方案在保障数据隐私安全的同时，有效地提高了密文检索的效率与精度，为本书的后续工作奠定了基础。

参考文献

[1] 王冲. 基于Chameleon聚类算法的R树索引方法研究[D]. 哈尔滨: 哈尔滨工业大学, 2017.

[2] 李宗育, 桂小林, 顾迎捷, 等. 同态加密技术及其在云计算隐私保护中的应用[J]. 软件学报, 2018, 29(7): 1830-1851.

[3] Ning J T, Xu J, Liang K T, et al. Passive attacks against searchable encryption[J]. IEEE Transactions on Information Forensics and Security, 2019, 14 (3): 789-802.

[4] Yang J, Liu Z L, Li J, et al. Multi-key searchable encryption without random oracle[J]. Intelligent Networking and Collaborative Systems, 2014, 30(1): 179-190.

[5] 惠榛, 冯登国, 张敏, 等. 一种可抵抗统计攻击的安全索引[J]. 计算机研究与发展, 2017, 54(2): 295-304.

[6] Red Hat. CentOS-7-x86_64-DVD-1708.iso[EB/OL]. [2019-01-28]. http://isoredirect.centos.org/centos/7/isos/x86_64/CentOS-7-x86_64-DVD-1708.iso.

[7] Jason R. 20_newsgroups.tar.gz[EB/OL]. [2019-01-29]. http://download.csdn.net/index.php/mobile/source/download/bukaohuaxue/851012.

[8] Li H, Yi Y, Tom H L, et al. Enabling fine-grained multi-keyword search supporting classified sub-dictionaries over encrypted cloud data[J]. IEEE Transactions on Dependable Secure Computing, 2016, 13(3): 312-325.

[9] 田雪, 朱晓杰, 申培松, 等. 基于相似查询树的快速密文检索方法[J]. 软件学报, 2016(6): 1566-1576.

第7章　基于倒排索引的可验证混淆关键字密文检索方案

为了获得更好的隐私保证并有效地对密文进行检索，本章设计基于倒排索引的可验证混淆关键字密文检索(a verifiable obfuscated keyword ciphertext retrieval scheme based on inverted index，VOKCRSII)方案，利用安全的倒排索引结构实现次线性搜索，通过插入混淆关键字的技术来抵抗关键字攻击。在生成陷门时引入混淆关键字，防止云服务器根据关键字的搜索频率推断出包含该关键字文件的价值，从而进行恶意攻击。引进数据缓存区，过滤返回搜索结果中包含混淆关键字的密文和验证数据，减少通信开销。引入双线性映射验证返回结果，并对恶意服务器模型中返回结果的正确性、安全性和可靠性进行验证。在真实数据集上进行反复实验，性能分析和实验结果表明，VOKCRSII 方案在保证检索效率的同时，有效地提高密文检索的安全性。

7.1　整体结构

密文检索的系统架构如图 7.1 所示，将云服务按功能不同分为 3 个实体：数据拥有者、用户和云服务器。

(1)数据拥有者：数据拥有者要处理原始数据、建立倒排索引及加密和上传数据与索引。此外，数据拥有者要与用户分享解密密钥，并授予用户查询和验证的权利。

(2)用户：用户是授权用户，将查询的内容生成陷门 TD 发送给云服务器，并要求其返回前 K 个文档及验证证据。收到搜索结果后，用户执行验证算法，若验证算法返回 0，则返回结果错误；若验证算法返回 1，则使用共享密钥对文档进行解密。

(3)云服务器：云服务器存储数据拥有者上传的加密数据与索引，当接到用户合法的查询请求时，根据查询算法利用倒排索引进行计算，返回最相关的前 K 个密文文档及验证证据。

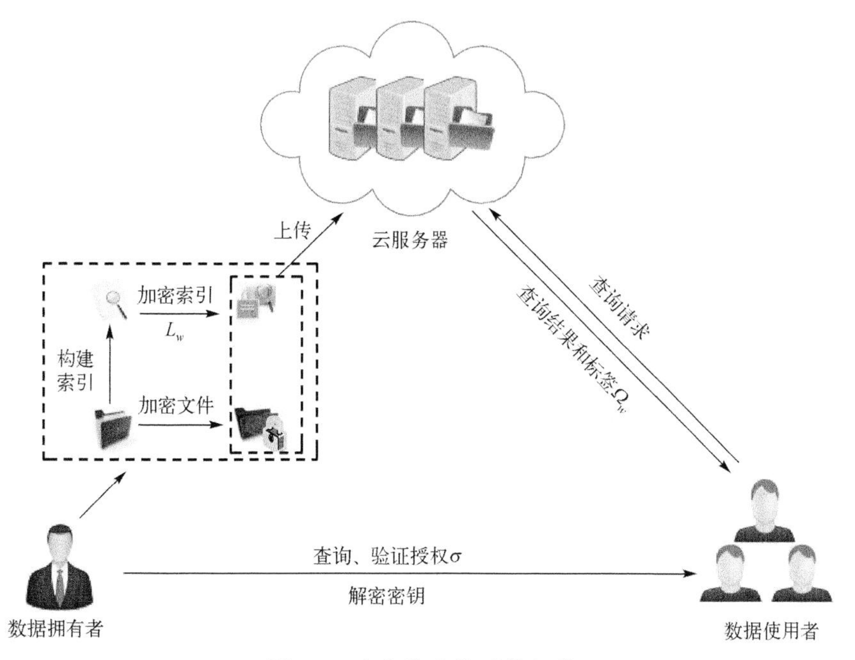

图 7.1　密文检索的系统架构

7.2　安 全 模 型

为了规范研究范围，假设云服务器是非完全可信的，即有以下几点存在。

(1) 为了节省存储空间，云服务器可能删除部分加密文件或索引。

(2) 为了节省计算或下载带宽，云服务器可能不执行用户的查询请求，伪造搜索结果来欺骗用户。

(3) 云服务器存在好奇心，可能会尝试分析其存储的数据及消息流中的数据，识别某些关键字。

7.3　预 备 知 识

7.3.1　安全定义

定义 7.1(正确性)　设 T 是一个可验证的密文检索方案，如果 T 满足 $\forall$PK, SK $\leftarrow$ Setup$(1^\lambda), \forall D_i \subseteq D(1 \leqslant i \leqslant n), \forall w \subseteq W$，有 (Search(TD$, K, I) = (C_{w,K}, \Pi_w) \wedge$ Filter $(C_{w,K}, \Omega_w) \rightarrow C_{w_s,K}, \Omega_{w_s}$ Confu $\wedge$ Verify(PK,SK$, C_{w_s,K}, \Pi_{w_s}) = 1 \wedge$ DecFile$(C_{w_s,K}) = D_{w_s,K}) = 1$，

则该方案是正确的。其中，$C_{w,K}$ 和 Π_w 是包含混淆关键字的搜索结果和验证标签，$C_{w_s,K}$ 和 Π_{w_s} 是真正要搜索关键字的搜索结果和验证标签。

定义 7.2（自适应性选择关键字攻击安全）　设 T 是一个可验证的密文检索方案，ρ 为攻击者，s 是模拟器，Leak_1 和 Leak_2 为泄漏算法。概率实验的 $\text{Real}_\rho^T(\lambda)$ 和 $\text{Ideal}_{\rho,s}^T(T)$ 满足以下条件。

$\text{Real}_\rho^T(\lambda)$ 由 ρ 来实现。挑战者通过运行 $\text{Setup}(1^\lambda)\to\text{PK,SK}$ 来生成密钥，ρ 选择一个文件集合 D 发送给挑战者，挑战者运行 $\text{EncIndex}(\text{SK},D,W)\to I$ 和 $\text{EncFile}(D,\text{SK})\to C$，并将 (I,C) 发给 ρ。ρ 发出多项式的自适应查询 q，对于每个查询 q，ρ 接收挑战者运行 $\text{SrcToken}(w,\text{PK},\text{SK})\to\text{TD}$ 得到的陷门。其中，EncIndex 是加密索引的算法，EncFile 是加密文档的算法，SrcToken 是生成陷门的算法。

$\text{Ideal}_{\rho,s}^T(T)$ 由 ρ 和 s 来实现。ρ 选择一个文件集合 D，根据 $\text{Leak}_1(D)$，s 输出 (I, C)，并发送给 ρ。ρ 发出多项式的自适应查询 q，对于每个查询 q，s 根据 $\text{Leak}_2(D,w)$ 返回相应的陷门给 ρ。如果对于多项式时间的 ρ，都存在多项式时间的 s，使 $\Pr[\text{Ind}_\rho^T(\lambda)=1]\leqslant\frac{1}{2}+\text{negl}(\lambda)$ 成立，其中，$\text{negl}(\lambda)$ 是可以忽略的，则 T 满足自适应选择关键字攻击安全。

定义 7.3（可靠性）　设 T 是一个可验证的密文检索方案，ρ 为攻击者。满足以下条件。

$\text{Forge}_\rho^T(K)$：由 ρ 来实现。对于查询陷门 TD，ρ 伪造一个虚假的结果集 $C_{w,K}^*$ 和对应的证据 Ω_w^*，其中，$C_{w,K}^*\neq C_{w,K},\Omega_w^*\neq\Omega_w,\text{Search}(\text{TD},I,K)\to C_{w,K},\text{GenProof}(\text{TD},\text{PK},L_{w_i},C_{w_i,K})\to\Omega_w,\text{FliterConfu}(C_{w,K},\Omega_w)\to C_{w_s,K},\Omega_{w_s}$。

若 $\text{Verify}(\text{PK},\text{SK},C_{w_s,K}^*,\Omega_{w_s}^*)=1$ 可能性可以忽略，则 T 是可靠的，即 $\Pr[\text{Fore}_\rho^T(\lambda)=1]\leqslant\text{negl}(\lambda)$。其中，$\text{negl}(\lambda)$ 是可以忽略的。此外，GenProof 是生成标签的算法，FliterConfu 是过滤算法。

7.3.2　双线性映射介绍

双线性映射[1]：设 P 为 λ 比特的素数，Z_p 为有限域。G、G_T 是阶为素数 P 的循环群，g、g_T 分别为 G、G_T 对应的一个生成元。可定义一个双线性映射 e: $G\times G\to G_T$。

双线性映射满足以下性质：

(1) 双线性：对于所有的 a、$b\in Z_p$，有 $e(g^a, g^b) = e(g, g)^{ab}$。

(2) 非退化性：$e(g, g)\neq1$。

(3) 可计算性：对于任意元素 g、$h\in G$，可有效地计算 $e(g, h)$。

设 $X=\{x_1,\cdots,x_l\}$，$Y=\{y_1,\cdots,y_l\}$是两个 l 维的向量，则双线性映射的计算如下：

$$\begin{aligned} e(g_1^X, g_2^{Y^{\mathrm{T}}}) &= e(g_1^{x_1}, g_2^{y_1})\cdot e(g_1^{x_2}, g_2^{y_2}),\cdots,e(g_1^{x_l}, g_2^{y_l}) \\ &= e(g_1, g_2)^{x_1y_1+x_2y_2+\cdots+x_ly_l} \end{aligned} \tag{7.1}$$

7.4　倒排索引的构建

倒排索引搜索时间是次线性的[2]，方案采取倒排索引实现密文的安全搜索，排序的倒排索引结构 $I=\{T_s, A_s\}$，如图 7.2 所示，其中 Pointer 表示指针。

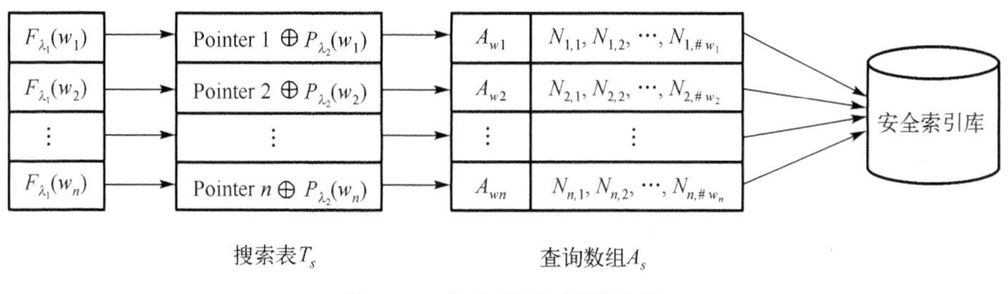

图 7.2　安全倒排索引结构

查询数组 A_s 是一个长度为 $M=(\sum_{i=1}^{m}\#w_i)$的数组，其中$\#w_i$ 是指包含关键字 w_i 的文件数量。$A_s[i]$表示存储在位置 i 的值，对于关键字 $w_i\in W$，列表 A_{wi} 被随机存储在查询数组 A_s 中。

列表 A_{wi} 由 w_i 个节点$(N_{i,1},\cdots,N_{i,\#w})$组成，其中，$N_{i,j}=\{w_i,\mathrm{id}_j,\mathrm{RScore},\mathrm{addrs}(N_{i,j+1})\}$，$\mathrm{id}_i(j)\in\mathrm{ID}(w)$是包含关键字 w_i 的 rank–j 文件的标识符，$\mathrm{addrs}(N_{i,j+1})$是 L_w 的 rank$(j+1)$个节点在查询数组 A_s 中的地址。最后一个节点 $N_{i,\#w}=\langle w_i, \mathrm{id}_{\#w}, \mathrm{RScore}, \mathrm{NULL}\rangle$。

搜索表 T_s 是一个大小为 n 的字典，A_{wi} 的头指针存储在搜索表 T_s 中。其中 F 和 P 分别为加密关键字和指针的伪随机函数。

7.5　引入混淆关键字与数据缓存区

7.5.1　混淆关键字

当用户想要搜索密文时，可以通过关键字陷门来实现。但是，云服务器会根据经常被搜索的关键字，推断出与其相关的文件数据非常具有价值，从而选择性地攻击这些文件。另外，云服务器还可能将长时间未得到搜索的数据恶意删除。为了防止云服务器的恶意攻击，构造如下检索请求。

(1)数据用户通过插入混淆关键字扩大搜索的关键字陷门。假设用户想要检索包含 w_s 的加密文件，为了不让云服务器知道关键字集，可以在集合中添加其他 x 个关键字。

(2)用户为每一个关键字增加一个特殊标志位 τ，然后用 Paillier[3]加密附加的 τ 来区分混淆关键字与用户真实检索关键字。

(3)假设用户想要检索包含 w_s 的文件，并引入 x 个混淆关键字，则将$\{\langle w_s, E(\mathrm{PK},\tau)\rangle, \langle w_{s+1}, E(\mathrm{PK},\tau)\rangle,\cdots, \langle w_{s+x}, E(\mathrm{PK},\tau)\rangle\}$上传到云服务器。

7.5.2 数据缓冲区

1. 映射过程

在接收到用户的搜索请求后，云服务器根据倒排索引初步得到搜索结果，其中包含混淆关键字的密文与验证证据，将其直接发送给用户会增加云服务器和数据用户之间的通信开销。引入数据缓存区模块，先将搜索结果按照算法 7.1 映射到数据缓存区。

算法 7.1　数据缓存区算法

输入：搜索结果 θ;

输出：数据缓存区 DB。

1. The cloud initializes DB with x entries, each entry with initial value1
2. for $i\in[s, s+x]$ do
3. 　Locates w_i data θ_i
4. 　Compute $d = E(\mathrm{PK},\tau)^{\theta_i}$
5. 　for j in range (0, k) do
6. 　　$\mathrm{DB}_1[h_i(j)] = \mathrm{DB}_1[h_i(j)]\cdot d$
7. 　end for
8. end for
9. return DB

其中，x 是用户插入的混淆关键字个数；$E(\mathrm{PK},\tau)$ 中的 τ 是混淆参数，$\tau=1$ 表示用户需要查询此关键字，$\tau=0$ 表示该关键字为混淆关键字。如图 7.3 中①所示，云服务器首先初始化验证数据缓冲区，并将结果映射到具有 k 散列函数的验证数据缓冲区，每个散列函数的输出属于[0, x]。

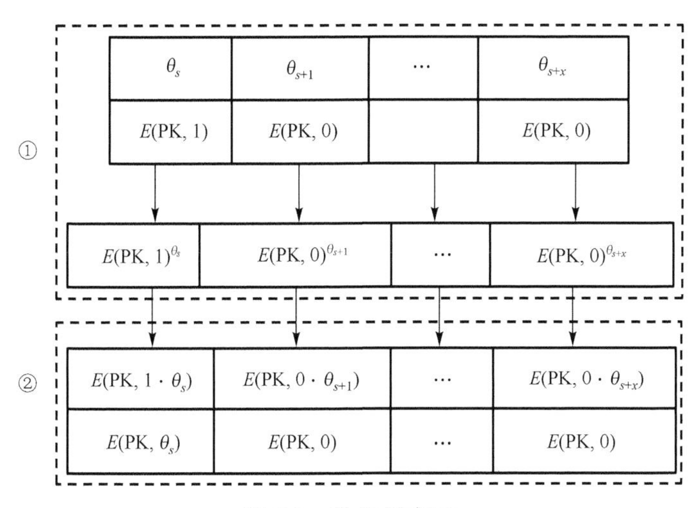

图 7.3　数据缓存区

2. 过滤过程

将云服务器初步的查询结果通过 Paillier 加密的同态性质直接映射到数据缓冲区后，云服务器进一步对密文和验证证据进行盲计算，过程如图 7.3 中②所示，在数据缓存区中过滤掉含有混淆关键字的密文和验证证据，减少通信开销。此外，从云服务器的角度来看，处理了 x+1 个关键字的密文和验证数据，无法得到实际返回的数据，提高了密文检索的安全性。

3. 解密恢复数据

用户收到云服务器返回的搜索结果后，对其进行解密。图 7.4 显示了解密结果，用户可以从数据缓存区的第一个节点恢复 θ_1。由于用户可以预先计算没有发生冲突的条目，而不是解密整个数据缓冲区，可以提高解密效率。

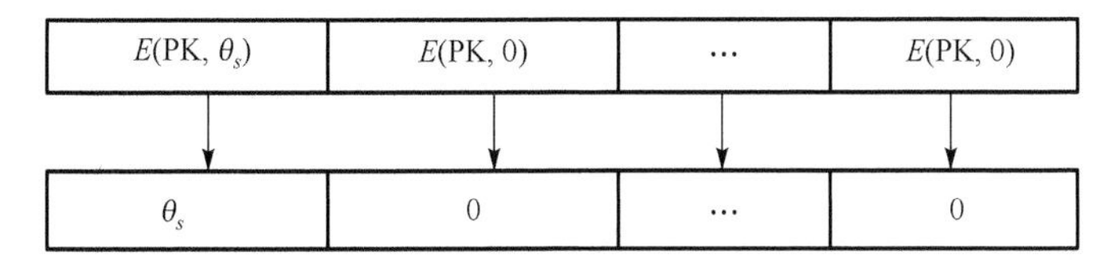

图 7.4　Paillier 解密过滤

7.6　整体方案设计

可验证的关键字排序可搜索加密方案如下所示。

1. 初始化阶段

Setup$(1^{\lambda})\rightarrow$SK：用户运行 KeyGen(1^{λ})产生(e, q, g)，然后随机选择 3 个λ位的向量$\lambda_1, \lambda_2, \lambda_3$作为$F, P, H$的随机种子，$F$: $\{0, 1\}^{\lambda}\times\{0, 1\}^{*}\rightarrow\{0, 1\}^{\lambda}$是一个无冲突散列函数，$P$:$\{0, 1\}^{\lambda}\times\{0, 1\}^{*}\rightarrow\{0, 1\}^{*}$，$H$: $\{0, 1\}^{\lambda}\times\{0, 1\}^{*}\rightarrow\{0, 1\}^{\lambda}$，再生成一个$\lambda$维向量$S$, $S\xleftarrow{R}\{0, 1\}^{\lambda}$。同时生成 2 个$\lambda\times\lambda$的可逆矩阵$(M', M'')$。最后得到 SK = $(q, g, e, \lambda_1, \lambda_2, \lambda_3, S, M'^{\mathrm{T}}, M''^{\mathrm{T}})$。

2. 存储加密阶段

(1) EncIndex(SK, D, W)$\rightarrow I$：对于每个关键字$w_i\in W$，用户执行以下操作。

①在A_s中随机选择$\#w_i$个位置创建列表A_{wi}。对于$j\in[1, \#w_i]$，将$N_{i,j}=\{w_i, \mathrm{id}_j$, RScore, addrs$(N_{i,j+1})\}$加密得到$A_s[\mathrm{addrs}(N_{i,j})]=[N_{i,j}\oplus H_{\lambda_3}(w_i)]$。

②对于$i\in[1, n]$，利用向量S将$F_{\lambda_1}(w_i)$分割成$F_{\lambda_1}(w_i)'$和$F_{\lambda_1}(w_i)''$：

$$\begin{cases}F_{\lambda_1}(w_i)' = F_{\lambda_1}(w_i)'' = F_{\lambda_1}(w_i)(\mathrm{mod}\, q), & s_j = 0\\ F_{\lambda_1}(w_i)' + F_{\lambda_1}(w_i)'' = F_{\lambda_1}(w_i)(\mathrm{mod}\, q), & s_j = 1\end{cases} \tag{7.2}$$

加密$F_{\lambda_1}(w_i)'$和$F_{\lambda_1}(w_i)''$的索引标记$L_{wi}=(L_{wi,1}, L_{wi,2})=(g^{M'^{\mathrm{T}}F_{\lambda_1}(w_i)'^{\mathrm{T}}},\ g^{M''^{\mathrm{T}}F_{\lambda_1}(w_i)''^{\mathrm{T}}})$。

③T_s是存储A_{wi}头指针和索引标记L_w的列表，$T_s[F_{\lambda_1}(w)]=\mathrm{addrs}(N_1)\,\|\,L_w\oplus P_{\lambda_2}(w)$。最后，输出加密索引$I=(T_s, A_s)$，并上传到云服务器。

(2) EncFile(D, SK)$\rightarrow C$：对于文件$D_i\in D$，数据拥有者运行 EncFile(D_i)来生成密文C_i，得到密文集合$C=\{C_1, C_2,\cdots, C_m\}$，并上传到云服务器。

(3) AccGen(PK, SK, D, W)$\rightarrow\sigma$：对于$i\in[1, n]$，数据所有者将关键字集合$W=\{w_1,\cdots,w_n\}$中每个关键字根据L_w计算输出签名集合$\sigma=\{\sigma_{w1},\cdots,\sigma_{wn}\}$，其中，$\sigma_{wi}=L_{wi}\|\prod_{j=1}^{\#w_i}[\mathrm{id}_i(j)+q]$。数据拥有者赋予用户验证权限，将签名集合$\sigma$发给用户。

3. 查询阶段

(1) SrcToken(w, PK, SK)$\rightarrow$TD：为了检索包含关键字w_s的 top-K 文件，同时为了不让云服务器对关键字w_s进行猜测，获取用户隐私，用户引入x个混淆关键字$\{w_{s+1}, w_{s+2},\cdots,w_{s+x}\}$生成搜索陷门 TD=$(\zeta_1, \zeta_2, \zeta_3)$，并上传到云服务器，对于$s<i<s+x$，$\zeta_1=([F_{\lambda_1}(w_s), E(\mathrm{PK},1)],\cdots,[F_{\lambda_1}(w_{s+x}), E(\mathrm{PK},0)])$，$\zeta_2=[P_{\lambda_2}(w_s), P_{\lambda_2}(w_{s+1}),\cdots,$

$P_{\lambda_2}(w_{s+x})]$，$\zeta_3=[H_{\lambda_3}(w_s),H_{\lambda_3}(w_{s+1}),\cdots,H_{\lambda_3}(w_{s+x})]$。其中 $E(\mathrm{PK},1)$ 表示用户需要查询此关键字；$E(\mathrm{PK},0)$ 表示该关键字为混淆关键字。

(2) Search(TD, K, I) $\rightarrow C_{K,x}$：云服务器接收到 TD=(ζ_1, ζ_2, ζ_3) 后，对于 $i\in(s,s+x)$，定位 $T_s[F_{\lambda_1}(w_i)]$，如果 $F_{\lambda_1}(w_i)$ 不在 T_s 中，则返回 0。否则，对于 $i\in(s,s+x)$，计算 $T_s[F_{\lambda_1}(w_i)]\oplus P_{\lambda_2}(w_i)$，恢复 A_{wi} 的头指针与索引标记 L_{wi}，进而通过 $A_s[\mathrm{addr}(N_{i,j})\oplus H_{\lambda_3}(w_i)]$ 恢复 $N_{i,j}$，得到分别包含 $w=\{w_s, w_{s+1}, w_{s+2},\cdots,w_{i+x}\}$ 的密文集合 $C_{w,K}=\{C_{ws,K}, C_{ws+1,K},\cdots, C_{ws+x,K}\}$。

(3) GenProof(TD, PK, L_{wi}, $C_{wi,K}$) $\rightarrow \Omega_w$：云服务器通过计算 $\Omega_{wi}=\prod_{\mathrm{id}\notin \mathrm{id}(wi,K)}[\mathrm{id}_i(j)+q]$ 得到包含混淆关键字所有的验证标签集合 $\Omega_w=\{\Omega_{ws}, \Omega_{ws+1},\cdots,\Omega_{ws+x}\}$，其中 $i\in(s,s+x)$。之后将 Ω_w 连同密文集合 $C_{w,K}$ 映射到数据缓存区。

(4) FilterConfus($C_{w,K}$, Ω_w) $\rightarrow C_{ws,K}$, Ω_{ws}：若云服务器返回包含混淆关键字在内的所有的验证数据，则会导致云和数据用户之间的通信成本很高。如式(7.2)所示，通过 Paillier 加密的同态性质直接将验证数据映射到数据缓冲区，使云端对搜索结果进行盲计算，对验证数据 Ω_w 与密文 $C_{w,K}$ 进行过滤，得到用户要检索的关键字 w_s 对应的密文集合和验证标签。

$$\begin{cases}E(\mathrm{PK},1)^{\theta}=E(\mathrm{PK},1\cdot\theta)=E(\mathrm{PK},\theta)\\ E(\mathrm{PK},0)^{\theta}=E(\mathrm{PK},0\cdot\theta)=E(\mathrm{PK},0)\end{cases} \tag{7.3}$$

式中，$\theta=\{C_{w,K}, \Omega_w\}$，过滤后得到的 $C_{ws,K}$ 和 Ω_{ws} 是密态的，云服务器无法识别，保障了用户数据的安全性。

4. 验证解密阶段

(1) Verify(PK, SK, $C_{ws,K}$, Ω_{ws}) $\rightarrow\{0, 1\}$ 表示根据数据缓存区得到的密文与标签，用户对其进行验证。

①令 $\beta=F_{\lambda_1}(w_s)$，利用 S 向量将 β 分裂成两个向量 β' 和 β''：

$$\begin{cases}\beta'=\beta''=\beta \pmod q,\ s_i=1\\ \beta'+\beta''=\beta \pmod q,\ s_i=0\end{cases} \tag{7.4}$$

加密 β' 和 β'' 得到 $\mathrm{VK}_{ws}=(\mathrm{VK}_{ws,1}, \mathrm{VK}_{ws,2}, \mathrm{VK}_{ws,3})=(\beta'(M'^{-1})^{\mathrm{T}},\beta''(M''^{-1})^{\mathrm{T}},g^{|\beta|^2})$。

②用户利用式(7.4)验证返回的是否为包含关键字 w_s 的密文集。

$$L_{ws,1}{}^{\mathrm{VK}_{ws,1}}\cdot L_{ws,2}{}^{\mathrm{VK}_{ws,2}}\overset{?}{=}\mathrm{VK}_{ws,3} \tag{7.5}$$

若验证失败，则返回 0；否则再用式(7.5)验证云服务器返回的是否为 top-K 文件。

$$L_{ws} \| \prod_{i \in \mathrm{id}(wi,K)} [\mathrm{id}_i(j)+q] \cdot \Omega_{ws} \stackrel{?}{=} \sigma_{ws} \tag{7.6}$$

(2) DecFile ($C_{ws,K}$, SK) $\to D_{ws,K}$：如果通过验证，则利用私钥解密得到明文集 $D_{ws,K}$；如果没有通过验证，则返回 0。

7.7　方案正确性、安全性与可靠性验证

定理 7.1　VOKCRSII 是正确的。

证明　根据陷门 TD=(ζ_1, ζ_2, ζ_3)，云服务器可以定位关键字集 $w=\{w_s, w_{s+1}, w_{s+2}, \cdots, w_{s+x}\}$ 在表 T_s 中的位置，并通过计算 $T_s[F_{\lambda_1}(w)] \oplus P_{\lambda_2}(w)$ 来解密列表 A_w 在查询数组 A_s 的相应地址，从而可得密文集合 $C_{w,K}=\{C_{ws,K}, C_{ws+1,K}, \cdots, C_{ws+x,K}\}$。此外，云服务器运算 $\Omega_{wi}=L_{wi} \| \prod_{j=1}^{\# w_i} [\mathrm{id}_i(j)+q]$ 得到标签集合 $\Omega_w=\{\Omega_{ws}, \Omega_{ws+1}, \cdots, \Omega_{ws+x}\}$，再通过 Paillier 加密的同态性质直接将包含混淆关键字的验证数据和密文映射到验证数据缓冲区，对搜索结果进行盲计算，筛选得到 $C_{ws,K}$ 和 Ω_{ws} 之后发送给用户。接收到来自云服务器的搜索结果 $C_{ws,K}$ 和证据 Ω_{ws} 后，用户首先检查 ${L_{w,1}}^{\mathrm{VK}_{ws,1}} \cdot {L_{w,2}}^{\mathrm{VK}_{ws,2}} \stackrel{?}{=} \mathrm{VK}_{ws,3}$，运算过程如式 (7.7) 所示。然后检验 $L_{wi} \| \prod_{i \in \mathrm{id}(wi,K)} [\mathrm{id}_i(j)+q] \cdot \Omega_{ws} \stackrel{?}{=} \sigma_{ws}$。如果云服务器没有恶意行为，则验证通过。

$$\begin{aligned} {L_{w,1}}^{\mathrm{VK}_{ws,1}} \cdot {L_{w,2}}^{\mathrm{VK}_{ws,2}} &= \left(g^{M'^{\mathrm{T}} F_{\lambda_1}(w_i)'^{\mathrm{T}}}\right)^{t_i'(M'^{-1})^{\mathrm{T}}} \cdot \left(g^{M''^{\mathrm{T}} F_{\lambda_1}(w_i)''^{\mathrm{T}}}\right)^{t_i''(M''^{-1})^{\mathrm{T}}} \\ &= g_i^{t_i'(M'M'^{-1})^{\mathrm{T}} F_{\lambda_1}(w_i)'^{\mathrm{T}}} \cdot g_i^{t_i''(M''M''^{-1})^{\mathrm{T}} F_{\lambda_1}(w_i)''^{\mathrm{T}}} \\ &= \mathrm{VK}_{ws,3} \end{aligned} \tag{7.7}$$

此外，$L_{wi} \| \prod_{i \in \mathrm{id}(wi,K)} [\mathrm{id}_i(j)+q] \cdot \Omega_{ws} = \sigma_{ws}$ 保证了 L_{wi} 和相应加密索引的绑定及不可伪造性。最后，用户解密文档得到排序搜索结果。因此，本章方案是正确的。证毕。

在验证 VOKCRSII 满足自适应选择关键字攻击之前，对泄漏函数进行形式化的描述[4]，泄漏函数 Leak_1 定义为 $\mathrm{Leak}_1(D)=[\#D, m, \#D_i, \mathrm{id}(D_i)]$。它将文档集合 D 作为输入，输出文档集的大小 $\#D$，文档数量 m，每个文档的大小 $\#D_i$ 和文件标识符 $\mathrm{id}(D_i)$。泄漏函数 Leak_2 定义为 $\mathrm{Leak}_2(D, w)=[\mathrm{AP}(w), \mathrm{TD}]$，将文档集合和查询关键字 w 作为输入，并输出关键字 w 的访问模式和陷门。其中，$\mathrm{AP}(w)=[\mathrm{id}(D_1), \cdots, \mathrm{id}(D_{\# wi})]$。

定理 7.2　VOKCRSII 满足自适应性选择关键字攻击安全。

证明　令 $\lambda \in \mathbb{N}$ 为安全参数，ρ 为敌手，s 为模拟器，需要证明对于多项式时间

的 ρ，有 $\Pr[\mathrm{Ind}_{\rho}^{T}(\lambda)=1] \leqslant \frac{1}{2}+\mathrm{negl}(\lambda)$。

模拟器自适应地生成模拟加密索引 $I'=(T_s', \{A_i' \mid i=1,\cdots,n\})$，模拟密文序列 C' 和模拟陷门 TD′ 的过程如下所示。

(1) 模拟加密索引 I'。

为了模拟索引，s 初始化最大长度为$\#w_i$ 的 A_i'，A_i'的每个条目为 $N_j'(1<j<M)$，再用 ζ_3' 加密 N_j'，ζ_3' 是由随机函数生成的字符串。s 将 T_s' 设置为具有 n 个条目的查找表。对于 $1<i<n$，生成一个二元组$[\zeta_1', \mathrm{addr}(A_i')\oplus\zeta_2']$，$\zeta_1'$ 和 ζ_2' 都是由随机函数生成的字符串，$\mathrm{addr}(A_i')$是数组 A_i' 的地址。而在构造索引的过程中，$\mathrm{Real}_{\rho}^{T}(\lambda)$ 使用伪随机函数 F、P 和 H，ρ 在不知道密钥的情况下，不能区分伪随机函数的输出和相同大小的随机字符串，因此 ρ 不能区别 I 与 I'。即

$$\left|\Pr[\mathrm{EncIndex}(\mathrm{Key},D,W)\to I]\right|-\left|\Pr[\mathrm{Random}\to I']\right| \leqslant \mathrm{negl}_1(\lambda) \tag{7.8}$$

(2) 模拟密文序列 C'。

s 根据泄漏函数 $\mathrm{Leak}_1(D)$ 模拟加密文档 $C_j'(1<j<m)$，得到 $C'=\{C_1', C_2',\cdots, C_m'\}$。$\rho$ 没有密钥但可以保证加密文档 C_j 和密文 C_j' 在计算上是不可区分的，即

$$\left|\Pr[\mathrm{EncFile}(\mathrm{Key},D)\to C]\right|-\left|\Pr[\mathrm{Random}\to C']\right| \leqslant \mathrm{negl}_2(\lambda) \tag{7.9}$$

(3) 模拟陷门 TD′。假设插入 x 个混淆关键字，对于 $s<i<s+x$，有 $\mathrm{Leak}_2(D, w_i)=[\mathrm{AP}(w_i), \mathrm{TD}]$，$\mathrm{AP}(w_i)=[\mathrm{id}(D_1),\cdots,\mathrm{id}(D_{\#wi})]$，$s$ 通过 $\mathrm{Leak}_2(D,w_i)$ 得到 $\mathrm{AP}(w_i)$。根据模拟的加密索引有 $T_s'[\zeta_1']=[\mathrm{addr}(A_w')\|L_w\oplus\zeta_2']$。

①如果 $j\neq\#w, s$，则计算

$$N_{i,j}=[<w_i, \mathrm{id}_j, \mathrm{RScore}, \mathrm{addrs}(N_{i,j+1})>\oplus\zeta_3'],\quad A_i'[j]=(N_{1,j}, \zeta_3')$$

②如果 $j=\#w, s$，则计算

$$N_{1,j}=[<w_i, \mathrm{id}_j, \mathrm{RScore}, \mathrm{addrs}(N_{i,j+1})>\|\mathrm{NULL}\oplus\zeta_3'],\quad A_i'[j]=(N_{i,j}, \zeta_3')$$

最后 s 返回陷门 $\mathrm{TD}'=\{\zeta_1', \zeta_2', \zeta_3'\}$。由于不具有密钥$\lambda_1$、$\lambda_2$ 和λ_3，可以保证 $\mathrm{Real}_{\rho}^{T}(\lambda)$ 中的 TD 与 $\mathrm{Ideal}_{\rho,s}^{T}(T)$ 中的 TD′的不可区分性。即

$$\left|\Pr[\mathrm{Keygen}(1^{\lambda})\to \mathrm{Key}]\right|-\left|\Pr[\mathrm{Random}\to \mathrm{Key}']\right| \leqslant \mathrm{negl}_3(\lambda) \tag{7.10}$$

由于 ρ 试图通过分析加密索引、密文和密钥来获胜[5]，则

$$\begin{aligned}\Pr\left(\mathrm{Ind}_{\rho}^{T}(\lambda)=1\right)&=\frac{1}{2}+\mathrm{Adv}(\mathrm{Adv}[\rho(I)]+\mathrm{Adv}[\rho(C)+\rho(\mathrm{Key})])\\&=\frac{1}{2}+\left|\Pr[\mathrm{EncIndex}(\mathrm{Key},D,W)\to I]\right|-\left|\Pr[\mathrm{Random}\to I']\right|\end{aligned}$$

$$+\left|\Pr[\text{EncFile}(\text{Key}, D) \to C]\right| - \left|\Pr[\text{Random} \to C']\right|$$
$$+\left|\Pr[\text{Keygen}(1^{\lambda}) \to \text{Key}]\right| - \left|\Pr[\text{Random} \to \text{Key}']\right|$$
$$\leqslant \frac{1}{2} + \left|\text{negl}_1(\lambda) + \text{negl}_2(\lambda) + \text{negl}_3(\lambda)\right| \tag{7.11}$$

令 $\text{negl}(\lambda)=\text{negl}_1(\lambda)+\text{negl}_2(\lambda)+\text{negl}_3(\lambda)$，则 $\Pr[\text{Ind}_{\rho}^{T}(\lambda)=1] \leqslant \frac{1}{2}+\text{negl}(\lambda)$。其中，$\text{Adv}[\rho(\text{Key})]$是 ρ 区分密钥与随机字符串的优势，$\text{Adv}[\rho(I)]$是 ρ 区分索引与随机字符串的优势，$\text{Adv}[\rho(C)]$是 ρ 区分加密文档和真实密文的优势。

综上，对于多项式时间的 ρ，$\text{Real}_{\rho}^{T}(\lambda)$ 与 $\text{Ideal}_{\rho,s}^{T}(T)$ 的输出是不可区分的。VOKCRSII 满足自适应性选择关键字攻击安全。证毕。

定理 7.3　VOKCRSII 满足 7.3.1 节中的可靠性。

证明　假设 VOKCRSII 不可靠，则对于搜索请求 TD 返回无效搜索结果 $C_{w,k}^{*}$ 和伪造证据 Ω_{w}^{*}，使得算法 Verify(PK, SK, $C_{w,k}^{*}$，Ω_{w}^{*}) 输出 1。令 $C_{w,k}=\{C_1, C_2,\cdots,C_w\}$ 表示正确搜索结果。首先可能是文档的内容会被修改，即在返回的结果集中存在密文 C_j^{*}，但 $C_j^{*}\neq C_j$，其中 $j\in\{1,\cdots,\#w\}$，ρ 伪造证据 $\Omega_{w}^{*}=\prod_{\text{id}\notin\text{id}(wi,K)}[\text{id}_i(j)+q]$ 发送给用户。其次返回的结果集中缺少文档 C_j，ρ 伪造证据 $\Omega_{w}^{*}=\prod_{\text{id}=j,\text{id}\notin\text{id}(wi,K)}[\text{id}_i(j)+q]$ 发送给数据用户。

如果 VOKCRSII 不可靠，无效的搜索结果 $C_{w,k}^{*}$ 和 Ω_{w}^{*} 将通过验证算法。然而，由于双线性映射提供了消息不可伪造性[6-11]，伪造有效证据的可能性可以忽略不计。这与上述假设相悖。因此，VOKCRSII 具有可靠性。证毕。

7.8　实验性能分析

在实验中，从数据集中选择 m=3012 个文件，不同关键字的数量 n = 1000，每个关键字出现在 1～44 个文件中。实验构建了不同关键字数量的索引(即 n = 100, 200, ⋯, 1000)，使用 VOKCRSII 加密索引，加密算法由 JPBC 库实现。多次执行以获得平均执行时间。

1. 功能比较

如表 7.1 所示，文献[2]和文献[12]的方案都可以实现关键字搜索结果排序与结果可验证的功能。与上述方案相比，VOKCRSII 不仅支持多关键字搜索结果排序与结果可验证的功能，还支持插入混淆关键字，使本章方案安全性更高。

表 7.1　功能比较表

方案	文献[12]的方案	文献[2]的方案	VOKCRSII
搜索结果排序	√	√	√
结果可验证	√	√	√
混淆关键字			√

2. 安全性

实验利用式(7.12)检测文献[12]的方案、文献[2]的方案和 VOKCRSII 的隐私保护水平。$H(D)$越大，隐私泄露可能性就越小，在没有外部条件影响时，该值是一个确定的值[13]。

$$H(D) = -\sum_{i=1}^{m} p(D_i)\lg p(D_i) \tag{7.12}$$

式中，$0<p(D_i)<1$，$\sum_{i=1}^{m} p(D_i) = 1$。

图 7.5 是文献[12]的方案、文献[2]的方案与 x=2 时的 VOKCRSII 的隐私保护度比较图。VOKCRSII 赋予用户可验证的权利，且在查询陷门中引进混淆关键字，防止云服务器恶意攻击搜索频率高的数据或者删除搜索频率低的数据，因此，当 x=2 时，VOKCRSII 的隐私保护度高于文献[12]和文献[2]的方案，安全性更高。

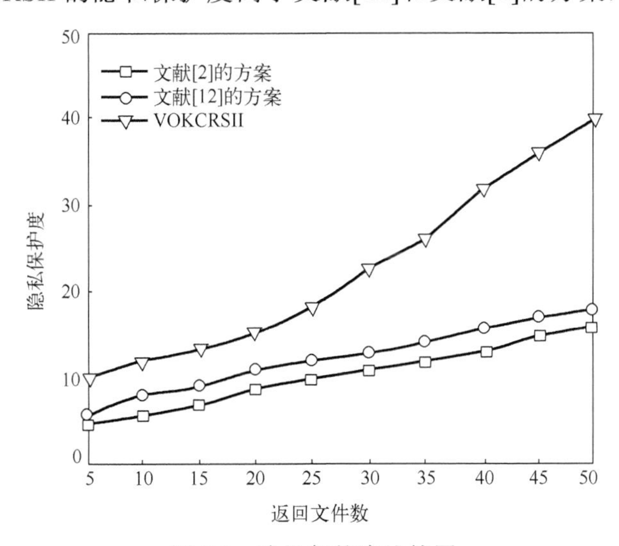

图 7.5　隐私保护度比较图

3. 检索效率

授权用户在进行检索时，总希望快速地得到检索结果，分别对方案的生成陷门时间、查询时间和验证时间进行实验。由前面可知，当 x=2 时，VOKCRSII 的安全性高于文献[12]和文献[2]的方案。随着插入混淆关键字个数的增长，安全性会增加，但会带来更多的计算开销。因此选择引入两个混淆关键字的 VOKCRSII 进行对比实验。

1) 数据缓存区

VOKCRSII 比文献[2]的方案多消耗的时间主要体现在云服务器将查询数据映射到数据缓存区时过滤掉混淆关键字和利用 Paillier 解密恢复数据两个方面。表 7.2 的第 2 行是插入不同数量混淆关键字时映射过滤消耗的时间，当 x=2 时，时间为 0.160s。表 7.2 的第 3 行是随着插入混淆关键字数量增加利用 Paillier 解密恢复数据的时间，当 x=2 时，时间为 0.031s。

表 7.2　映射过滤和解密时间

混淆关键字个数	1	2	3	4	5	6	7	8	9
映射过滤消耗的时间/s	0.081	0.160	0.252	0.325	0.401	0.474	0.582	0.701	0.823
Paillier 解密恢复数据的时间/s	0.023	0.031	0.034	0.042	0.045	0.043	0.047	0.051	0.051

2) 查询效率

查询过程可以分为陷门生成、查询和验证 3 个部分。

陷门生成时，如表 7.3 所示，文献[2]的方案用到了大量的内积运算，复杂度是 $O(n^2)$，与关键字集大小有关。文献[12]的方案中，陷门只是由 PRF (pseudo random function) 产生的三个伪随机位序列组成的，构造陷门的复杂度是 $O(\lambda)$。VOKCRSII 虽在陷门中加入了混淆关键字，但构造陷门的复杂度仍是 $O(\lambda)$。如图 7.6 所示，VOKCRSII 和文献[12]构造陷门时间只与随机种子 λ 相关，而与 n 无关，随着关键字数量的增加时间几乎不变。

表 7.3　时间复杂度比较表

方案	陷门生成	查询	验证
文献[2]	$O(n^2)$	$O(nm)$	$O(nm)+O(m\lg m)$
文献[12]	$O(\lambda)$	$O(\#w)$	$O(\#w+\sum\#C_{\text{top-}K})+O(\sum\#w)$
VOKCRSII	$O(\lambda)$	$O(xK)$	$O(\#w+\lambda)+O(\#w)$

查询时，文献[2]涉及搜索陷门和每个文档子索引的内积，如表 7.3 所示，查询时间的复杂度为 $O(nm)$。由于倒排索引搜索的时间成本与包含 w 的文档的数量

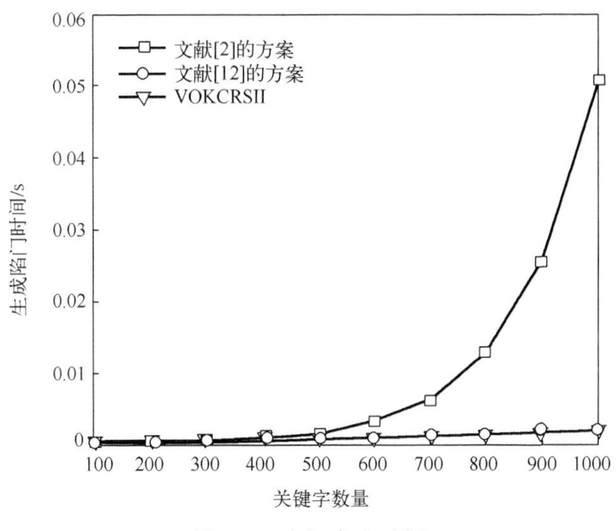

图 7.6　陷门生成时间

呈线性关系，文献[12]查询时间复杂度为 $O(\#w)$；VOKCRSII 由于要搜索 x 混淆关键字的文件，以及将数据映射到数据缓存区，因此查询时间的复杂度为 $O(xK)$。如图 7.7 所示，由于文献[2]的方案检索时间随着文档数量的增加而增加，因此时间最长。而文献[12]的方案与 VOKCRSII 只与包含搜索关键字的文件数量相关，相较文献[2]的方案查询时间增长缓慢，其中 VOKCRSII 引入了混淆关键字来提高检索的安全性，需要过滤混淆关键字，VOKCRSII 比文献[12]的方案所用时间长，但相差不是很多。

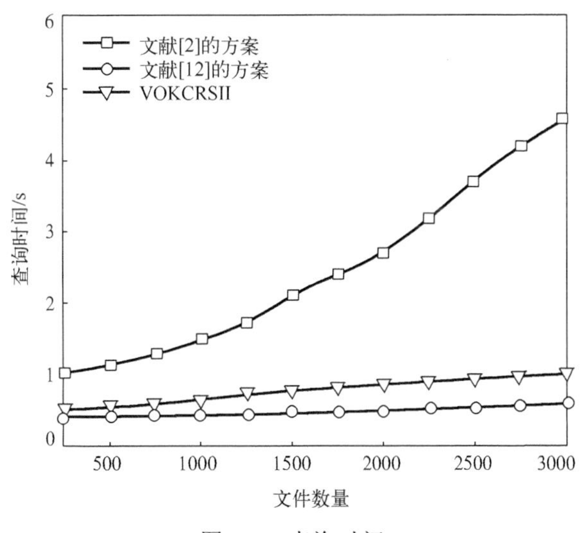

图 7.7　查询时间

验证时间包括在云服务器端生成标签的时间与用户验证的时间两部分。如表 7.3 所示，由于文献[2]要计算文档之间的向量积，在客户端验证搜索结果的复杂度为 $O(nm)$，云服务器端通过 Hash 验证树生成标签，时间复杂度为 $O(m\lg m)$。文献[12]在云服务器利用签名技术生成标签，时间复杂度为 $O(\sum\#w)$，收到来自云服务器的返回结果和标签后，客户端利用 MAC(medium access control，介质访问控制)将查询关键字和返回的 top-K 文档的连接作为输入进行验证，复杂度为 $O(\#w+\sum\#C_{\text{top-}K})$，其中$\#w$ 表示查询关键字的长度，$\#C_{\text{top-}K}$ 表示返回的 top-K 文档的总长度。VOKCRSII 在云服务器生成标签时间复杂度为 $O(\#w)$，在客户端用户先利用双线性映射的性质确定返回的结果是否包含关键字 w_s 的文件，再验证返回的结果是否正确，复杂度为 $O(\#w+\lambda)$。如图 7.8(a)所示，由于文献[2]的方案利用 MAC 来验证，因此验证时间最长。文献[12]的方案验证的复杂度与 top-K 文档的总长度相关，随着用户要求返回文档数量的增加，检索时间增长。由于 VOKCRSII 引入混淆关键字，映射过滤消耗的时间要随之增加，但 VOKCRSII 验证时不涉及对返回密文的计算，验证时间最短。图 7.8(b)中，当 Top-K=20 时，随着文件集数量的增加，文献[2]的方案验证消耗时间呈线性增长。而文献[12]的方案和 VOKCRSII 与包含查询关键字的文档数量有关，验证时间增长缓慢。

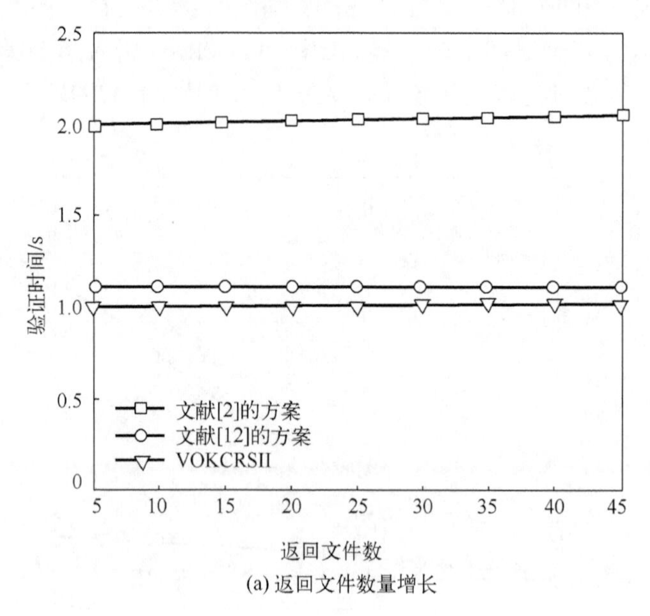

(a) 返回文件数量增长

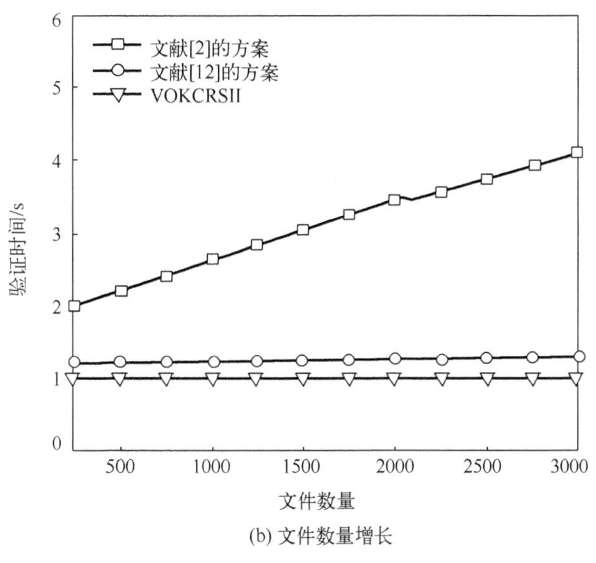

(b) 文件数量增长

图 7.8 验证效率对比

7.9 本章小结

本章首先给出了一个安全有效的基于倒排索引的可验证混淆关键字密文检索方案 VOKCRSII，并对方案的设计目标、主要思想及具体方案的主要模型进行了详细的描述。该方案主要通过引入混淆关键字隐藏搜索频率，利用双线性映射生成标签验证搜索结果，从而达到提高方案安全性的目的。并利用 Paillier 加密算法生成数据缓存区，过滤掉多余文件，以减少通信开销。然后对方案进行了正确性、安全性和可靠性三个方面的验证，通过分析验证 VOKCRSII 对于自适应性选择关键字攻击是安全的。最后，给出方案隐私保护度、查询时间复杂度及验证时间复杂度的分析，并通过建立密文检索实验平台验证 VOKCRSII 在保证检索效率的同时，有效地提高了密文检索的安全性。

参考文献

[1] Teng L, Li H. A high-efficiency discrete logarithm-based multi-proxy blind signature scheme via elliptic curve and bilinear mapping[J]. Network Security, 2018, 20(6): 1200-1205.

[2] Wan Z, Deng R H. VPSearch: Achieving verifiability for privacy-preserving multi-keyword search over encrypted cloud data[J]. IEEE Transactions on Dependable and Secure Computing,

2016, 10(4): 1545-1562.

[3] Chang Y, Mitzenmacher M. Privacy preserving keyword searches on remote encrypted data[C]. Proceedings of the 3rd International Conference on Applied Cryptography and Network Security, Berlin, 2005: 442-455.

[4] Zhang W, Lin Y, Gu Q. Catch you if you misbehave: Ranked keyword search results verification in cloud computing[J]. IEEE Transactions on Cloud Computing, 2018, 6(1): 74-86.

[5] Geong S P, Chin J J, Yau W C, et al. Searchable symmetric encryption: Designs and challenges[J]. ACM Computing Surveys, 2017, 50(3): 401-437.

[6] 邓宇乔, 唐春明, 宋歌, 等. 一种新的密码学原语研究——流程加密[J]. 软件学报, 2017, 28(10): 2722-2736.

[7] Red Hat. CentOS-7-x86_64-DVD-1708.iso[EB/OL]. [2019-01-28]. http://isoredirect.centos.org/centos/7/isos/x86_64/CentOS-7-x86_64-DVD-1708.iso.

[8] Jiang X, Yu J, Yan J, et al. Enabling efficient and verifiable multi-keyword ranked search over encrypted cloud data[J]. Information Sciences, 2017, 403(3): 22-41.

[9] Liu Q, Nie X, Liu X, et al. Verifiable ranked search over dynamic encrypted data in cloud computing[C]. Proceedings of the International Symposium on Quality of Service, Vilanova, 2017: 1-6.

[10] Yang J, Liu Z L, Li J, et al. Multi-key searchable encryption without random oracle[J]. Intelligent Networking and Collaborative Systems, 2014, 30(1): 179-190.

[11] Jason R. 20_newsgroups.tar.gz[DB/OL]. [2019-01-29]. http://download.csdn.net/index.php/mobile/source/download/bukaohuaxue/851012.

[12] 李宗育, 桂小林, 顾迎捷, 等. 同态加密技术及其在云计算隐私保护中的应用[J]. 软件学报, 2018, 29(7): 1830-1851.

[13] 俞艺涵, 付钰, 吴晓平. 基于 Shannon 信息熵与 BP 神经网络的隐私数据度量与分级模型[J]. 通信学报, 2018, 39(12): 10-17.

第 8 章　陷门不可识别的密文检索方案

属性基加密在云环境下的密文检索中已经得到广泛运用，但属性的灵活控制及关键字陷门的隐私安全仍然是密文检索中亟待解决的困难问题。为了解决以上问题，本章提出一种基于不可识别陷门的可搜索加密方案(attribute-based encryption scheme-based on unrecognizable trapdoor，U-ABE)。针对访问策略的灵活性，提出拒绝访问策略，利用数据集合的相互匹配算法，在云服务器中实现双向属性控制。在陷门的隐私泄露问题上，使用随机数保证陷门不可识别性，使陷门可以有效地抵御云服务器及外部敌手对关键字的猜测攻击。对方案进行安全分析，其系统安全性可归约到 DBDH 困难问题，同时对 U-ABE 进行了理论分析及实验分析，经过在真实数据集上进行反复实验，结果表明 U-ABE 具有更高的安全性与检索效率。

8.1　整 体 结 构

U-ABE 的系统模型图如图 8.1 所示，系统模型包括 4 个实体：数据拥有者、云服务器、用户、属性权威(attribute authority，AA)。

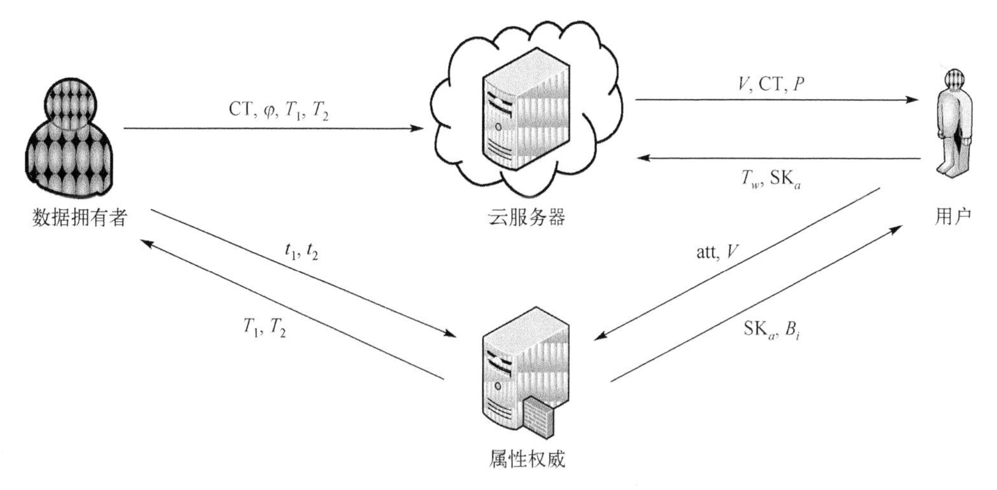

图 8.1　U-ABE 的系统模型图

(1) 属性权威。假定属性权威是可信的，属性权威的主要任务如下：生成属性的随机表格，对数据拥有者上传的策略进行加密及计算加密参数；根据表格对用户上传的属性进行计算，得到属性私钥及解密参数。

(2) 数据拥有者。数据拥有者的主要任务如下：使用传统对称加密对数据进行加密；采用加入随机数的方法生成不可识别的索引；与属性权威进行数据交互，得到访问策略。

(3) 用户。用户的主要任务如下：生成不可识别的随机陷门，与云服务器进行数据交互，得到服务器返回的版本号，将版本号与自身属性上传给属性权威，属性权威经过计算，返回属性私钥与解密参数；然后上传属性私钥到云服务器，服务器验证后返回密文。

(4) 云服务器。云服务器的主要任务如下：接收数据用户上传的陷门，下发密文版本号给数据用户；接收数据用户上传的属性私钥，匹配运算后下发密文给数据用户。

8.2 双线性映射介绍

1. 双线性映射

假设群 G 与群 G_T 是阶为素数 p 的循环群，g 是群 G 的生成元，存在双线性映射 $\hat{e}:G\times G\rightarrow G_T$ 并满足以下性质。

(1) 双线性：对任意的 $x, y\in G$，$a, b\in G_T$，存在 $\hat{e}(x^a, y^b)=\hat{e}(x^b, y^a)=\hat{e}(x, y)^{ab}$。

(2) 非退化性：存在 $g\in G$，使 $\hat{e}(g, g)\neq 1$。

(3) 可计算性：对所有的 $x, y\in G$，存在有效的算法计算 $\hat{e}(x, y)$。

2. 判定性 DBDH 假设

设群 G_1, G_2 及映射 e：$G_1\times G_1\rightarrow G_2$，$g$ 是群 G_1 的生成元，随机生成 $(a, b, c, z)\leftarrow_R Z_p$，生成两个五元组 $T_0=[g, A=g^a, B=g^b, C=g^c, Z=e(g, g)^z]$ 与 $T_1=[g, A=g^a, B=g^b, C=g^c, Z=e(g, g)^{abc}]$。将两个五元组记为

$$P_{\mathrm{BDH}}=\{(g, g^a, g^b, g^c, e(g, g)^{abc})\} \tag{8.1}$$

$$R_{\mathrm{BDH}}=\{(g, g^a, g^b, g^c, e(g, g)^z)\} \tag{8.2}$$

DBDH 假设：没有多项式时间的敌手，能以不可忽略的优势 ε 区分五元组 P_{BDH} 与 R_{BDH}。

8.3　随机陷门的构建

(1) 初始化。给定安全参数λ，挑战者 C 执行初始化算法 Init(l^{λ})，生成公共参数 par。

(2) 阶段 1。敌手 A 多次运行陷门生成算法。

(3) 挑战。挑战者 C 从关键字空间随机选取关键字 W'，然后执行算法 Trap$(w_i$, par)，最后将陷门 T_{wi} 发送给敌手 A。

(4) 猜测。敌手 A 查询了 τ 个不同的关键字后，输出一个关键字 W'，如果 $W=W'$，则敌手 A 在安全游戏中获胜。

本章方案是支持关键字安全隐私的，敌手 A 在安全游戏中获胜的概率最多为 $\frac{1}{|\Psi|-n}+\varepsilon$。其中，$n$ 表示关键字集的个数，ε表示在安全参数λ下可以忽略的概率，Ψ表示关键字的空间。

8.4　拒绝访问策略的构建

(1) Setup$(1^{\lambda})\rightarrow$(Par, T)：给定安全参数λ，由可信的属性权威运行算法，输出公开参数 Par 及随机属性表格 T，其中随机属性表格 T 由属性权威私有，并且定时更新。

(2) EncT$(t_1, t_2$, pp$)\rightarrow(T_1, T_2, B)$：该算法由属性权威运行，$t_1$ 是数据拥有者上传给属性权威的允许访问策略集合，t_2 是数据拥有者上传给属性权威的拒绝访问策略集合；pp 是属性权威查询 t_1, t_2 集合中的属性在表格中定位的坐标。t_1, t_2 加密后得到密文状态的双向访问策略 T_1，T_2；pp 加密以后得到加密参数 B，并且嵌入加密的版本信息 V；属性权威将得到的密文数据回传给数据拥有者。

(3) Enc$(m, k, w, B$, par$)\rightarrow$(CT, φ)：该算法由数据拥有者运行，m 是明文数据，k 是对明文对称加密的密钥；w 是数据拥有者数据中包含的关键字集合；B 是加密参数。密文 CT 包含两个密文，一个是 C_m，它是明文 m 对称加密后得到的密文；另一个是 C_k，它是对密钥 k 加密后得到的密文。φ 是由关键字集合 w 加密后得到的索引。

(4) Trap$(w_i$, par$)\rightarrow T_{wi}$：该算法由用户运行，w_i 是用户查询的关键字。计算后得到关键字陷门 T_{wi}，上传给云服务器用于检索。

(5) KeyGen(att, V)$\rightarrow$SK$_a$：该算法由属性权威运行，att 是由用户上传的属性，V 是版本信息，生成属性私钥 SK$_a$。

(6) Search$(T_1, T_2, \varphi, T_w$, SK$_a)\rightarrow$1 或 0：服务器运行该算法进行匹配检索，该

算法在系统中分为两个阶段，第一阶段进行关键字检索，得到版本信息 V；第二阶段进行属性与访问策略匹配，属性不可与拒绝访问策略中的属性集合有交集，同时包含允许访问策略中的属性集合。当两个阶段都满足要求时，服务器下发密文 CT 给用户。

(7) Dec (CT, P, B_i) $\rightarrow m$：该算法由用户运行，输入密文 CT，匹配信息 P，解密参数 B_i，通过计算得到明文 m。

8.5　U-ABE 安全性证明

U-ABE 能够保证数据安全性，数据通过传统的对称算法进行加密，密钥 k 再次加密得到密文 C_k，只有用户的属性在满足访问策略时，才可以得到密文 C_k 并进行解密。同时，能够保证关键字的安全性，由于关键字陷门是随机加密的，能够抵抗关键字猜测攻击。此外，由于关键密文 C_k 的构造是按照判定性 DBDH 假设困难问题中的五元组的构造方式来进行的，密文的安全性可以归约为判定性 DBDH 假设困难问题。

定理 8.1　基于一般的双线性群，U-ABE 在随机预言模型下是关键字隐私安全的。

证明　关键字陷门不会泄露关键字信息。

(1) 初始化。挑战者 C 生成随机数 $(a, b) \leftarrow_R Z_P$，公开参数 par=$(a, b, g, g^a, g^b, G_1, G_2, e, q)$。

(2) 阶段 1。敌手选取关键字集合 $(w_1, w_2,\cdots,w_n)$，发送给挑战者 C，挑战者输出关键字集合生成的陷门集合 $(T_{w1}, T_{w2}, \cdots, T_{wn})$，并发送给敌手 A。

(3) 挑战。挑战者 C 从关键字空间里随机选择关键字 w_0，且 w_0 没有在阶段 1 中被敌手 A 查询过。然后选取随机数 p，运行 Trap (w_i, par)，计算 $T_{w0} = (g^p, w_0^p)$，将 T_{w0} 发送给敌手 A。

(4) 阶段 2。敌手 A 再次向挑战者发送关键字集合，与阶段 1 相同。

(5) 猜测。敌手 A 猜测关键字 w_0，在查询了 τ 个不同的关键字后，输出 w^*，如果 w=w^*，则敌手 A 赢得游戏。

本章方案是支持关键字隐私安全的，关键字陷门在加密时引入了随机数，导致同一个关键字生成的陷门不同，可以有效地抵御统计分析攻击。敌手 A 在安全游戏中获胜的概率最多是 $\dfrac{1}{|\Psi|-n}+\varepsilon$。其中，$n$ 表示关键字集的个数，ε 表示在安全参数 λ 下可以忽略的概率，Ψ 表示关键字的空间。证毕。

定理 8.2　基于一般的双线性群，方案的安全性可以归约到判定性 DBDH 假设困难问题。如果存在敌手 A 能够在多项式时间内以优势 δ 破解方案，则敌手 A 能在多项式时间内解决 DBDH 困难问题。

证明　敌手 A 能在多项式时间内以优势 δ 攻破 U-ABE，那么敌手 A 也能在多项式时间内以优势 δ 解决判定性 DBDH 假设困难问题。

(1) 初始化。建立系统，生成安全参数 λ，然后运行算法 Setup(1^{λ})，得到安全参数 par=$(a, b, g, g^a, g^b, G_1, G_2, e, q)$ 及系统中的加密参数 B。

(2) 阶段 1。敌手 A 多次运行加密算法。

(3) 挑战。挑战者 C 选取一个密钥 k，要求 k 在阶段 1 并没有被敌手 A 查询。运行加密算法 Enc$(m, k, B, \text{par}) \rightarrow$CT，生成随机数 t，计算得到 $C_k=[e(g_1, g_2)^t \cdot k, g^t, B^t]$。然后挑战者 C 将密文 C_k 发送给敌手 A。

(4) 猜测。敌手 A 收到密文 C_k 后，对密文进行分析解算。然后敌手输出猜测的结果 k'，如果 $k=k'$，则敌手 A 赢得游戏。如果敌手 A 能够对密文 C_k 进行正确解密，那么敌手 A 就能区分密文 C_k 中的 $e(g_1, g_2)^t$。

(5) 阶段 2。敌手 A 尝试判定性 DBDH 假设中的两种五元组。

(6) 初始化。敌手 A 多次运行算法计算两种五元组。

(7) 挑战。挑战者 C 随机选择 $a, b, c, z \leftarrow_R Z_P$。生成两个五元组，$T_0$ 是随机五元组，$T_0=[g, A=g^a, B=g^b, C=g^c, Z=e(g, g)^z]$；$T_1$ 是 BDH 五元组，$T_1=[g, A=g^a, B=g^b, C=g^c, Z=e(g, g)^{abc}]$。挑战者 C 随机生成 $\mu \leftarrow_R \{0, 1\}$，若 $\mu=0$，则输出 T_0；若 $\mu=1$，则输出 T_1。挑战者将得到的五元组发送给敌手 A。

(8) 猜测。敌手 A 接收到挑战者 C 发出的五元组 $T^*=[g, A=g^a, B=g^b, C=g^c, Z=e(g, g)^*]$ 并进行分析，然后输出 μ'，如果 $\mu=\mu'$，则敌手 A 在游戏中获胜。由上述所得，敌手 A 能够对密文中的 $e(g_1, g_2)^t$ 进行区分，然而密文中的 $e(g_1, g_2)^t=e(g, g)^{abt}$，也就是说敌手 A 能够对 $e(g, g)^{abt}$ 进行区分，则敌手 A 能够对挑战者 C 发送的五元组 $T^*=[g, A=g^a, B=g^b, C=g^c, Z=e(g, g)^*]$ 中的 $e(g, g)^*$ 进行区分。因此，敌手 A 能够正确地输出对 μ 的猜测值。

敌手 A 能够对密文 C_k 进行解密，则敌手 A 能够解决判定性 DBDH 假设困难问题。综上所述，方案的密文安全性可以归约到判定性 DBDH 假设困难问题。

证毕。

8.6　U-ABE 开销理论分析及实验分析

8.6.1　理论分析

在理论上，U-ABE 主要与其他几种方案做如下三个方面的对比：功能性、存

储成本和通信成本。同时在对比过程中的符号定义如下：$|p|$表示 Z_p 中数据元素的长度；$|g|$表示 G 中数据元素的长度；$|g_T|$表示 G_T 中数据元素的长度；$|C_k|$表示 Hur 方案[1]中使用的密钥 KEK 的长度；n_c 表示与密文有关的属性个数；n_k 表示用户密钥中属性的个数；n_a 表示整个系统的属性个数；n_u 表示关键字个数。

1. 功能性

在表 8.1 中，将 U-ABE 与其他四个方案进行功能上的对比，各个方案的撤销机制都是立即撤销的，U-ABE 与其他四个方案不同的地方在于撤销方向，由于 U-ABE 加入了拒绝访问策略，所以在撤销时满足双向撤销。U-ABE 的访问策略采用的是 AND 模式，其他方案采用的是 Tree 模式或者 LSSS 模式，AND 模式的资源消耗更少，效率更高。

表 8.1　属性撤销方案功能对比

方案	访问策略	撤销方式	安全问题
文献[1]的方案	Tree	立即撤销	—
文献[2]的方案	LSSS	立即撤销	q-parallel BDHE
ABKS-UR[3]	Tree	立即撤销	DBDH
AD-KP-ABE[4]	Tree	立即撤销	DBDH
U-ABE	AND	立即撤销	DBDH

2. 储存成本

在表 8.2 中，将 U-ABE 与文献[1]～[4]的方案进行了存储成本的对比，主要分为四个部分进行对比：属性权威(AA)、数据拥有者(O)、云服务器(CSP)和用户(U)。在 U-ABE 中，属性权威的作用主要是生成属性表格、加密双向访问策略及属性私钥。属性权威的存储成本主要是随机数与表格，因此 U-ABE 中属性权威的存储成本为$(2n_a+1)|p|$，相比文献[1]的方案来说，U-ABE 更具有优势。在数据拥有者方面，U-ABE 中数据拥有者的主要工作是接收策略密文、生成索引及加密数据，然后上传给云服务器。由此可以得到数据拥有者的存储成本为 $2|p|+|g|$，小于文献[1]～[4]的方案存储成本。在云服务器方面，U-ABE 中的云服务器的主要工作是接收数据拥有者上传的密文数据和用户上传的检索信息及属性私钥，然后将两者进行匹配计算。因此 U-ABE 存储成本为$(n_c+n_k)|g|+2|g_T|$，相比文献[1]、[2]和[4]的方案，U-ABE 降低了云服务器的存储成本。最后是用户方面，U-ABE 中用户的工作是计算得到属性私钥 SK_a，以及生成陷门与解密。因此，U-ABE 中用户的存储成本为 $2n_k+|p|$，小于文献[1]、[2]和[4]的方案。

表 8.2　属性撤销方案储存成本对比

方案	属性权威	数据拥有者	云服务器	用户
文献[1]的方案	$\|p\|+\|g\|$	$2\|g\|+\|g_T\|$	$(2n_c+1)\|g\|+\|g_T\|+(n_c\cdot n_u/2)\|C_k\|$	$(2n_k+1)\|g\|+\lg(n_u+1)\|C_k\|$
文献[2]的方案	$(4+n_a)\cdot\|p\|$	$(2+n_a)\|g\|+\|g_T\|$	$\|g_T\|+(3n_c+1)\|g\|$	$(2+n_k)\cdot\|g\|$
ABKS-UR[3]	—	$(3+n_a)\|g\|+\|g_T\|$	$\|g_T\|(n_c+2)+\|g\|(n_a+1)$	$2n_u\|g\|+\lg(n_u+2)$
AD-KP-ABE[4]	$2n_a\|p\|$	$n_c\|g\|+\|p\|$	$(n_c+n_k)\|g\|+\|g_T\|(n_c+2)$	$n_k\|p\|$
U-ABE	$(2n_a+1)\|p\|$	$2\|p\|+\|g\|$	$(n_c+n_k)\|g\|+2\|g_T\|$	$2n_k+\|p\|$

3. 通信成本

表 8.3 主要进行了通信成本上的理论分析，主要分为四条线路的数据传输成本，首先是 AA&U，在 U-ABE 中，属性权威与用户之间主要是属性及属性参数的传输，因此可得通信成本为 $2n_k+n_k|p|$。其次是 AA&O，在 U-ABE 中，属性权威与数据拥有者之间主要是双向访问策略的明文密文及加密参数的传输，通信成本为 $4n_c+|p|$，相比文献[1]、[2]与[4]的方案来说，通信成本大大降低。然后是 CSP&U，U-ABE 中的云服务器与用户有两次数据交互，主要是陷门、密文与属性私钥的传输，所以通信成本为 $|p|+(n_k+1)|g_T|+n_c|g|$，优于其他四个方案。最后是 CSP&O，U-ABE 中的数据拥有者单方面上传密文数据给云服务器，通信成本为 $(|g_T|+1)n_c+(n_c+1)|p|$。

表 8.3　属性撤销方案通信成本对比

方案	AA&U	AA&O	CSP&U	CSP&O
文献[1]的方案	$(1+2n_k)\|g\|$	$2\|g\|+\|g_T\|$	$(2n_c+1)\|g\|+\|g_T\|+(n_c\cdot n_u/2+\lg(n_u+1))\|C_k\|$	$2n_c\|g\|+(n_c+1)\|g_T\|$
文献[2]的方案	$4\|g\|+n_k\|g\|$	$2\|g\|+\|g_T\|+n_a\|g\|$	$\|g_T\|+(3n_c+1)\|g\|$	$\|g_T\|+(3n_c+1)\|g\|$
ABKS-UR[3]	—	—	$2\|p\|+(n_c+3)\|g_T\|+(n_c+4)/2$	$(2n_k+1)\|g\|+(n_c+1)\|g\|$
AD-KP-ABE[4]	$n_k\|p\|$	$n_c\|g\|+n_k\|g_T\|$	$\|p\|+(n_c+2)\|g\|+n_c\|g_T\|$	$\|p\|n_k+\|g\|$
U-ABE	$2n_k+n_k\|p\|$	$4n_c+\|p\|$	$\|p\|+(n_k+1)\|g_T\|+n_c\|g\|$	$(\|g_T\|+1)n_c+(n_c+1)\|p\|$

8.6.2　实验分析

实验平台为 64bit Windows 操作系统，计算机采用 Intel Core i5-4570 处理器(CPU 主频为 3.20GHz、内存为 8GB)，实验代码基于 PBC 进行修改与编写，使用 A 类超奇异曲线 $E(F_q)$：$y^2=x^3+x$，群 G 是 $E(F_q)$的子群，群 G 的阶为 160，基域为 58bit。

本次实验从 4 个方面展开：加密时间、私钥生成开销、检索时间和解密时间，分别测试访问策略数量、关键字数量与时间开销的关系。

1. 加密时间

图 8.2 是 U-ABE 与文献[1]的方案、文献[2]的方案、ABKS-UR[3]、AD-KP-ABE[4]的加密时间对比图，经过分析，U-ABE 优于其他三个方案，但劣于 AD-KP-ABE，随着访问策略数量的增加，U-ABE 的加密时间逐渐与 ABKS-UR 的加密时间相同。这是由于 U-ABE 中的访问策略是双向访问策略，而 ABKS-UR[4]的访问策略是单向的。

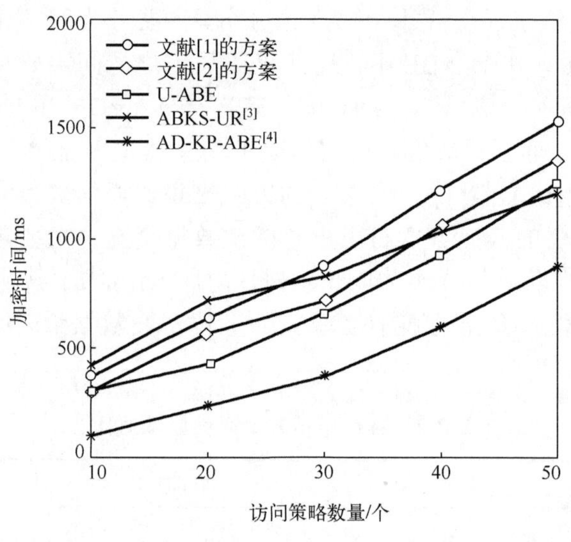

图 8.2 加密时间实验对比

2. 私钥生成开销

图 8.3 是 U-ABE 与文献[1]的方案、文献[2]的方案、ABKS-UR 的私钥生成开销对比图，从图中可以看出，随着用户上传的属性数量的增加，私钥生成时间呈线性递增。U-ABE 的私钥生成是通过哈希运算及指数运算的方式实现的，相比其他四个方案，U-ABE 拥有更高的计算效率。

3. 检索时间

图 8.4 是 U-ABE 与文献[1]的方案、文献[2]的方案、ABKS-UR[3]的检索时间对比，图 8.4(a)中的实验对比是用户私钥中的属性数量对检索时间的影响，同时设定关键字数量为 10，由于 U-ABE 的属性匹配是以集合的形式匹配的，时间开销大大小于其他 3 个方案。图 8.4(b)中的实验对比是用户提交的关键字数量对检

索时间的影响，同时设定用户属性数量为 10，从图中可以看出，随着关键字数量的增加，检索时间依然呈线性递增。U-ABE 虽然采用加入随机数计算陷门，构成了不可识别的陷门，但是由于在陷门的构建过程中只采用了一次双线性计算和一次指数运算，计算量相比其他两个方案来说要小。所以 U-ABE 计算时间并没有因此而增加。

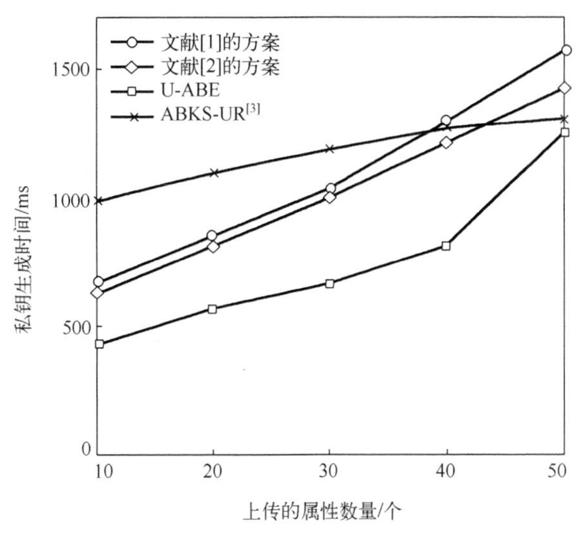

图 8.3　私钥开销实验对比

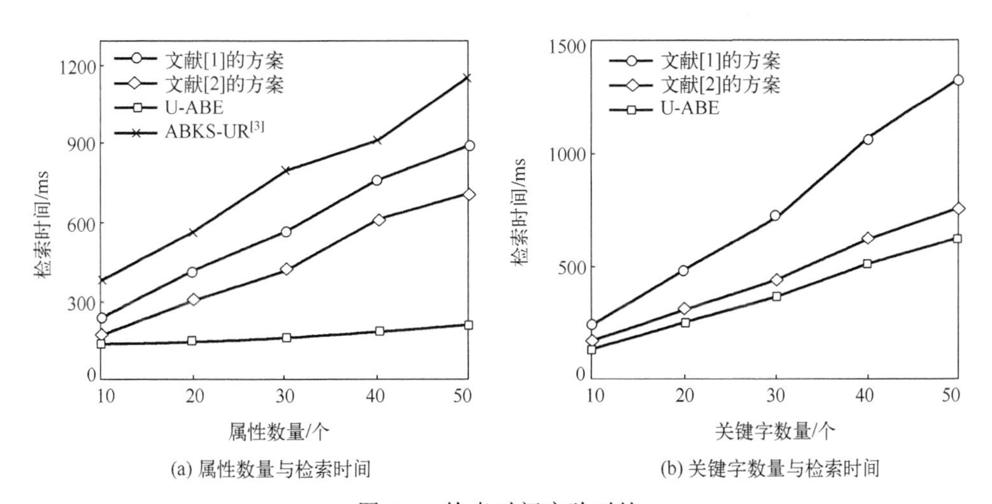

图 8.4　检索时间实验对比

4. 解密时间

图 8.5 是 U-ABE 与文献[1]的方案、文献[2]的方案、AD-KP-ABE[4]的解密时

间对比，从图中可以看出，解密时间随着用户私钥中的属性数量的增加而增加。经过分析，U-ABE 在解密时间上对文献[1]的方案与文献[2]的方案有明显的优势，当用户私钥中的属性数量达到 50 时，U-ABE 的解密时间不到 1s，而文献[1]的方案的解密时间已经接近 1.5s。U-ABE 中的解密时间会随着私钥中属性数量的增加而增加，其原因主要是因为解密参数的计算，但是由于解密参数只是乘法运算，解密时间膨胀率低。

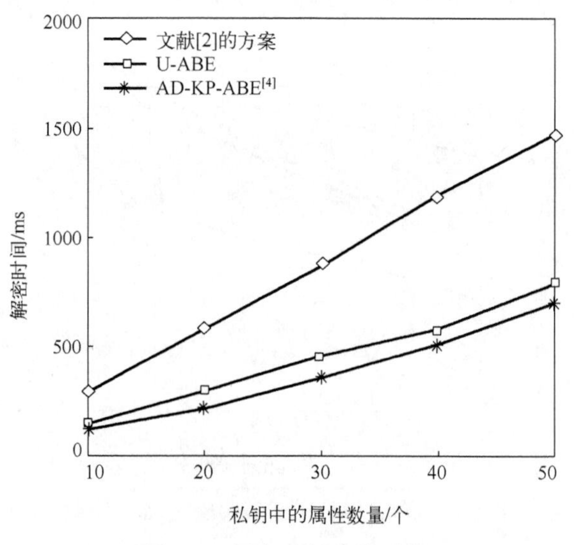

图 8.5　解密时间实验对比

8.7　本 章 小 结

本章提出一种陷门不可识别的密文检索方案(U-ABE)。U-ABE 通过引入拒绝访问策略，实现对访问属性的灵活控制，同时也可以实现双向撤销。由于 U-ABE 中访问策略并没有嵌入密文中，可以通过修改访问策略来完成灵活的属性撤销。U-ABE 还引入了属性表格的机制，通过可靠的属性权威，制造坐标随机的属性表格，用户与拥有者都以这个表格为基础进行属性与策略上的匹配，减少了匹配的计算时间，定时更换表格版本，提高安全性。U-ABE 利用双线性对的双线性，引入随机数，构造出不可识别的陷门，实现了相同关键字每次加密结果都不同，保证了关键字的隐私。本章对 U-ABE 做了安全性分析，证明 U-ABE 是安全的，同时进行了详细的实验分析，实验证明 U-ABE 在提高了安全性的同时也拥有较好的效率。未来的工作将在属性权威可信问题、精度与效率方面改进 U-ABE，并深入研究陷门安全问题，使其拥有更高的安全性。

参 考 文 献

[1] Hur J, Noh D K. Attribute-based access control with efficient revocation in data outsourcing systems[J]. IEEE Transactions on Parallel and Distributed Systems, 2011, 22(7): 814-821.

[2] Qian H, Li J, Zhang Y, et al. Privacy-preserving personal health record using multi-authority attribute-based encryption with revocation[J]. International Journal of Information Security, 2015, 14(6): 487-497.

[3] Sun W, Yu S, Lou W, et al. Protecting your right: Verifiable attribute-based keyword search with fine-grained owner-enforced search authorization in the cloud[J]. IEEE Transactions on Parallel and Distributed Systems, 2016, 27(4): 1187-1198.

[4] Xue L, Yu Y, Li Y, et al. Efficient attribute-based encryption with attribute revocation for assured data deletion[J]. Information Sciences, 2018, 479(7): 157-165.

第 9 章　基于区块链的公钥可搜索加密方案

随着区块链的发展，可搜索加密与区块链技术相结合，解决了传统方案中可信第三方的问题，极大地提高了可搜索加密的可实现性。本章引入区块链，构建区块链环境下的公钥可搜索加密方案，旨在解决私有云环境中一对多的数据分享问题。

在密文检索方案中引入区块链机制，利用区块链解决传统方案中第三方的可信问题；将检索工作放到区块链中进行计算，保证检索结果的正确性；利用区块链的不可篡改性，对文件进行编号，防止在云服务器发生错误时发送数据或恶意发送错误的数据。针对私有云环境，本章构造一对多的公钥可搜索加密方案。本章方案中采用 DBDH 困难问题的构建方式，使同一个关键字多次加密结果不同，可以有效地抵御 KGA(keyword guessing attack，关键字猜测攻击)，保证索引及陷门不会泄露关键字信息。对本章方案进行安全性证明，验证了本章方案可以抵御 KGA，同时分析区块链的安全性在本章方案中的作用。基于 PBC 库环境，本章在数据集上进行实验，最后得出本章方案的索引与陷门构造及查询时间的结果，证明了本章方案具有较高的效率。

9.1　整体结构

9.1.1　系统模型

本章具体系统主要由 4 个部分组成：数据拥有者、云服务器、智能合约(smart contract)和用户。系统模型及其流程如图 9.1 所示。

(1)数据拥有者。主要工作是计算索引和密文数据，然后将索引上传给智能合约，将密文数据上传给云服务器。

(2)云服务器。主要工作是存储由数据拥有者上传的密文数据，接收由用户上传的数据下发请求，并与智能合约进行交互，得到下发验证结果。

(3)智能合约。主要工作是接收数据拥有者上传的索引与用户上传的陷门，并且进行查询，得到查询结果，通过交易将结果下发给用户。然后通过与服务器的交易，告知服务器是否下发密文。

(4)用户。主要工作是计算陷门，并上传给智能合约，同时向服务器发送密文请求，最后得到数据并解密。

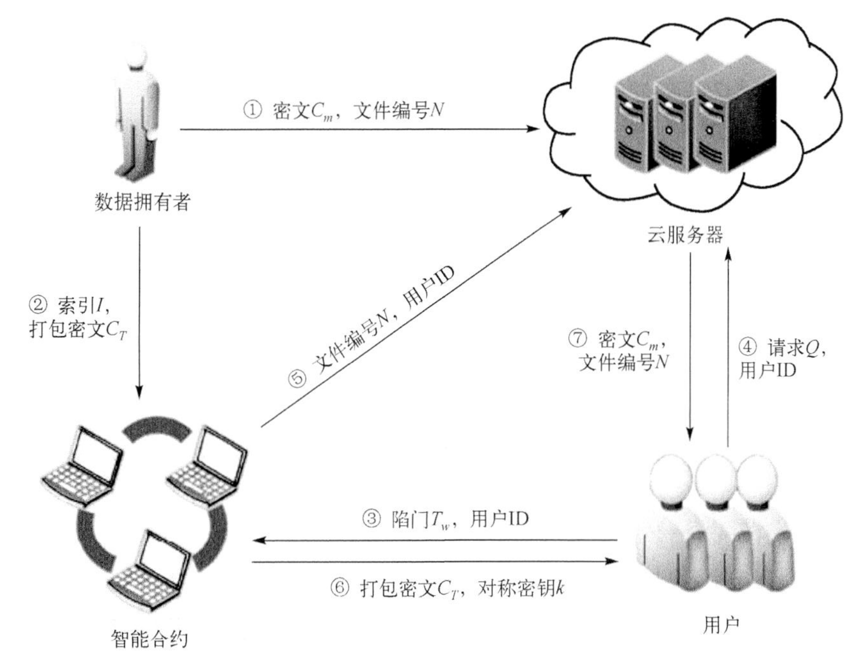

图 9.1　系统模型及其流程

9.1.2　安全模型

1. 关键字隐私安全游戏

如果不存在敌手 A 能够在概率多项式时间内从密文关键字或陷门值推断出关键字明文信息，则关键字的隐私安全可以得到保证。定义关键字隐私安全游戏如下。

(1) 初始化。给定安全参数λ，挑战者 C 执行初始化算法 $\mathrm{Init}(1^{\lambda})$，生成 par。

(2) 阶段 1。敌手 A 多次运行陷门生成算法。

(3) 挑战。敌手 A 从关键字空间随机选取两个关键字，发送给挑战者，挑战者执行陷门生成算法，然后随机选取一个陷门发送给敌手 A。

(4) 猜测。敌手 A 查询了 τ 个不同的关键字后，进行分析猜测，如果敌手能够猜对陷门，则敌手 A 在安全游戏中获胜。

2. 判定性 DBDH 假设困难问题归约证明

如果存在敌手 A 能够在多项式时间内以优势α破解方案，则敌手 A 能在多项式时间内以优势α解决 DBDH 困难问题。判定性 DBDH 假设困难问题归约证明如下所示。

(1) 初始化。给定群组 G_1、G_2 及映射 $\hat{e}:G_1 \times G_1 \to G_2$。挑战者 C 随机生成 $(a, b, c, z) \leftarrow_R Z_p$，生成两个五元组 T_0 和 T_1。

(2) 阶段 1。敌手 A 多次运行加密算法。

(3) 挑战。挑战者 C 随机选取明文 m，要求 m 在阶段 1 未被查询，并生成密文 C_m，将密文传给敌手 A。

(4) 猜测。敌手 A 对密文 C_m 进行分析解密，如果敌手 A 能够解密密文 C_m 且得到正确的明文 m，则敌手 A 在游戏中获胜。

(5) 证明。敌手 A 能够对密文进行解密，则敌手 A 也能解决判定性 DBDH 假设困难问题。

9.2 具体系统描述

1. 初始化阶段

Setup$(1^{\lambda}) \to$par。系统初始化，由安全参数 λ 生成公开参数 par，其中包括循环群 G 和 G_T；g 是群 G 的生成元，g_1 是群 G 的元素；h 是哈希运算，a 是随机参数；经过计算得到 $g_2=g_a$；$\hat{e}$：$G \times G \to G_T$ 是双线性映射。

$$\text{par}=\{g, g_1, g_2, a, G, \hat{e}, h\}$$

智能合约初始化，数据拥有者设置检索单价$offer。用户使用 ID 注册账户$user 并存款，区块链系统设置押金账户$deposit。

2. 数据加密阶段

Enc$(m, w, k) \to (C_m, I)$。明文 m 由对称加密密钥 k 经过加密得到密文 C_m，然后将对称加密密钥 k 加入索引 I 的计算过程中。首先选择一个随机数 $r \leftarrow_R Z_P$，然后将文件的关键字 w 进行哈希运算，得到 $H(w)$，计算后得到

$$I=[\hat{e}, (g_1, g_2)^r, k, g^r, H(w)^r]$$

数据拥有者将加密后的密文 C_m 与索引 I 进行编号，并将编号使用私钥进行加密，得到密文状态的文件编号 N，将文件编号 N 与密文 C_m 存储在一起后进行哈希运算，得到结果 H，将文件编号 N、结果 H 打包为密文 C_T。将文件编号 N 和密文 C_m 上传给服务器进行存储操作，将打包的密文 C_T 与索引 I 上传给智能合约进行查询操作。

3. 陷门加密与上传

$T(w_i) \to T_{wi}$。用户计算得到索引文件中的关键字 w 的陷门 T_{wi}。首先将文件中的关键字进行哈希运算，得到 $H(w)$，再选择一个随机数 $t \leftarrow_R Z_P$，计算得到

$$T_{wi}=\{ g_1^a H(w_i)^t g^t\}$$

用户上传陷门到智能合约，并由自身账户余额向区块链系统进行存款操作\$user→\$deposit。

4. 查询阶段

search $(I, T_{wi})\rightarrow k$。智能合约通过交易来接收用户的索引 I，检查用户 ID 是否合法。然后系统检查押金账户\$deposit 中用户预存的押金是否满足一次搜索，当押金满足时将陷门和数据文件索引进行计算，计算过程如下：

$$\begin{aligned}
&\hat{e}(g_1, g_2)^r k \frac{\hat{e}(g^t, H(w)^r)}{\hat{e} g_1^a H(w_i)^t g^r} \\
&= \hat{e}(g_1, g_2)^r k \frac{\hat{e}[g^t, H(w)^r]}{\hat{e}[H(w_i)^t, g^r]\hat{e}(g_1^a, g^r)} \\
&= \hat{e}(g_1, g_2)^r k \frac{\hat{e}[g, H(w)]^{tr}}{\hat{e}[H(w_i)^t, g^r]\hat{e}(g_1^a, g^r)} \\
&= \hat{e}(g_1, g_2)^r k \frac{\hat{e}[g, H(w)]^{tr}}{\hat{e}[H(w_i), g]^{tr}\hat{e}(g_1, g_2)^r} \\
&= k \frac{\hat{e}[g, H(w)]^{tr}}{\hat{e}[H(w_i), g]^{tr}}
\end{aligned}$$

如果 $w=w_i$，那么最后的结果为对称加密密钥 k，智能合约将会记下文件编号 N，然后开始下一次的查询，直到所有的文件都检索完毕。

5. 验证阶段

verify $(C_T, N)\rightarrow 0$ 或者 1。智能合约在已经检索出的文件集中进行下一个关键字的检索操作，同时从押金账户中扣去对应的检索单价\$offer，直到押金账户\$deposit 的金额不足以进行一次检索，区块链系统就会返回用户押金账户不足的信息：\$deposit←\$deposit−\$offer。

如果押金账户中的金额能够满足用户上传的所有关键字的检索操作，则智能合约将所有满足用户关键字请求的文件编号 N 及用户 ID 发送给云服务器，云服务器接收后，根据文件编号 N 将密文 C_m 下发给用户。

同时在智能合约与用户的数据交互过程中，智能合约检索成功后得到密文 C_T 与对称加密密钥 k，然后发送给用户，用户验证 N_{BS} 是否等于 N_{CS}。其中，N_{BS} 表示区块链系统发送的文件编号，N_{CS} 表示云服务器发送的文件编号。

若云服务器与智能合约接收的文件编号相同，则证明云服务器没有错误下发数据，然后验证

$$H_1=h(N, C_m),\quad H=H_1$$

将密文 C_m 与文件编号 N 进行哈希运算，若得到的结果 H_1 与 C_T 中的 H 相等，则证明云服务器没有对密文数据进行篡改，最后用密钥 k 对密文 C_m 进行解密，得到明文 m。

9.3　安全性分析

将检索过程放在区块链系统中运行，可以保证以下几方面的安全。

(1) 公正性。由于区块链与每个用户进行交互时都在基于交易的基础上，每次交易都是透明的，那么可以保证每次查询的结果是正确的，且不会存在恶意篡改结果的情况。同时由于每次交易需要一定的费用，可以有效地防止恶意用户破坏方案正常工作的情况。

(2) 可信性。区块链给出的检索结果一定是诚实可信的，同时也能以这个结果为基准，有效地防止恶意服务器对本章方案造成的威胁。用户可以有效地验证云服务器操作的正确性，从而获得正确的检索文件。

(3) 安全性。本章方案能够保证关键字的安全性，由于关键字陷门是随机加密的，因此满足 IND-KGA (indistinguish ability under keyword guess attack) 安全。此外，由于关键的数据文件索引 I 的构造是按照判定性 DBDH 假设困难问题中的五元组的构造方式来进行的，密文的安全性可以归约为判定性 DBDH 假设困难问题。

定理 9.1　基于一般的双线性群，本章方案在随机预言模型下是满足 IND-KGA 安全的。

证明　本章方案是支持关键字隐私安全的，关键字陷门在加密时引入了随机数，导致同一个关键字生成的陷门不同，可以有效地抵御统计分析攻击。

(1) 初始化。挑战者 C 生成随机数 $a, b \leftarrow_R Z_P$，公开参数 $\text{par}=\{g, g_1, g_2, a, G, \hat{e}, h\}$。

(2) 阶段 1。敌手选取关键字集合 $(w_1, w_2, \cdots, w_n)$，发送给挑战者 C，挑战者 C 输出关键字集合生成的陷门集合 $(T_{w1}, T_{w2}, \cdots, T_{wn})$，并发送给敌手 A。

(3) 挑战 1。敌手 A 随机选取两个关键字 w_0 和 w_1，并要求 w_0 和 w_1 没有在第一阶段被查询过。然后将两个关键字发给挑战者。挑战者选择随机数 p，运行陷门生成算法，计算 $T_{w0}=(g^p, w_0^p)$，$T_{w1}=(g^p, w_1^p)$，然后选取随机数 $\mu \leftarrow (0, 1)^\lambda$，将 $T_{w\mu}$ 发送给敌手 A。

(4) 猜测。敌手 A 对阶段 1 与阶段 2 中查询的关键字陷门进行分析，输出μ'，如果$\mu'=\mu$，则敌手 A 赢得游戏。

敌手 A 在安全游戏中获胜的概率最多是$\frac{1}{|\Psi|-n}+\varepsilon$，其中，$n$ 表示关键字集的个数，ε表示在安全参数λ下可以忽略的概率，Ψ表示关键字的空间。

证毕。

定理 9.2　基于一般的双线性群，本章方案的安全性可以归约到判定性 DBDH 假设困难问题。如果敌手 A 能够在多项式时间内以优势 σ 破解方案，则敌手 A 能在多项式时间内以优势 σ 解决 DBDH 困难问题。

证明　敌手 A 能够对索引 I 进行解密，则敌手 A 能够解决判定性 DBDH 假设困难问题。

(1) 初始化。建立系统，生成安全参数λ，然后运行算法 setup(1^{λ})，得到安全参数 par。

$$\text{par}=\{g, g_1, g_2, a, G, \hat{e}, h\}$$

(2) 阶段 1。敌手 A 多次运行索引加密算法。

(3) 挑战 1。挑战者 C 选取两个密钥 k_1 和 k_2，要求它们在阶段 1 不能被敌手 A 查询。运行加密算法，同时生成随机数 r, t，计算得到 $I_1=[\hat{e}(g_1, g_2)^r k_1, g^r, H(w)^r]$，$I_2=[\hat{e}(g_1, g_2)^t k_2, g^t, H(w)^t]$，然后挑战者 C 随机发送一个索引 I^*给敌手 A。

(4) 猜测。敌手 A 收到索引 I^*以后，对密文进行分析解算，然后输出猜测的结果 I'。如果 $I'=I^*$，则敌手 A 赢得游戏。如果敌手 A 能够对密文 I' 进行正确解密，那么敌手 A 就能区分密文 I' 中的 $\hat{e}(g_1, g_2)^r$。

(5) 阶段 2。敌手 A 尝试破解判定性 DBDH 假设中的两个五元组。敌手 A 多次运行算法计算这两个五元组。

(6) 挑战 2。挑战者 C 随机选择$(a, b, c, z) \leftarrow_R Z_P$，生成两个五元组，$T_0$ 是 DBDH 五元组，T_1 是随机五元组，具体如下所示。

$$T_0=[g, A=g^a, B=g^b, C=g^c, Z=e(g, g)^z]$$

$$T_1=[g, A=g^a, B=g^b, C=g^c, Z=e(g, g)^{abc}]$$

挑战者 C 随机生成$\mu \leftarrow R\{0, 1\}$，若$\mu=0$，则输出 T_0；若$\mu=1$，则输出 T_1。挑战者将得到的五元组发送给敌手 A。

(7) 猜测。敌手 A 接收到挑战者 C 发出的五元组 T^*并进行分析，然后输出μ'，如果$\mu'=\mu$，则敌手 A 在游戏中获胜。

由上述分析可得，敌手 A 能够对密文中的 $\hat{e}(g_1, g_2)^t$ 进行区分，然而密文中的 $\hat{e}(g_1, g_2)^r=\hat{e}(g, g)^{abt}$，也就是说，敌手 A 能够对 $\hat{e}(g, g)^{abr}$ 进行区分，则敌手 A 能

够对挑战者 C 发送的五元组 T^*中的 $\hat{e}(g_1, g_2)^*$进行区分。因此，敌手 A 能够正确输出对μ的猜测值。

综上所述，本章方案的密文安全性可以归约到判定性 DBDH 假设困难问题。

证毕。

9.4 实验分析

实验环境为 64bit Windows 操作系统，处理器为 Intel Core i5-4570，CPU 主频为 3.20GHz，内存为 16GB。本章实验主要利用本地的虚拟机 VMware 加载开源项目 OpenStack 来进行性能测试，使用 C++语言，加密函数由 PBC 函数库提供。

将本章方案与文献[1]～[3]中的方案(DS-PEKS、PAEKS 和 SPE-PP)进行对比，分别对比了陷门生成时间、索引生成时间和关键字检索时间。实验中的关键字数量以 50 为步长，从 50 依次递增到 500，对每一个关键字数量进行 50 次反复实验，求出时间开销的平均值，保证实验结果的有效性。同时进行字符串字符数量与时间开销关系的实验，得到字符串的数据复杂度与时间开销无关的结论，本章实验选取 8 个字母的单词作为关键字。

实验使用的数据集由复旦大学国际数据库中心自然语言处理小组提供，其中测试语料共有 9833 篇文档，训练语料共有 9804 篇文档。

本节还将本章方案在区块链引入前和引入后进行对比实验。利用 testrpc 软件进行本地以太坊网络环境的搭建，然后将本章方案编写为智能合约，并设置挖矿时间为 0，以排除其他时间对结果的影响。

1. 陷门生成时间

将本章方案与 DS-PEKS、PAEKS 和 SPE-PP 这 3 种方案进行对比，由图 9.2 可知，在陷门计算过程中，随着关键字数量的增加，陷门的生成时间也随之增加。对比后发现，本章方案在陷门生成时间上比其他 3 个方案都有一定的优势，并且随着关键字数量的增加，优势越来越大。本章方案中的陷门生成时间不会随着关键字包含的字母数量的增多而增加，这对于查询复杂的字符串有一定的优势。同时在 9.3 节已经得到验证，本章方案构造的陷门满足 IND-KGA 安全，关键字的安全性能够得到保障。

2. 索引生成时间

由图 9.3 可知，本章方案与 DS-PEKS 和 PAEKS 相比有很大优势，与 SPE-PP 相比略有优势。造成这个结果的主要原因是本章方案中索引的计算只需要进行一次双线性计算和一次哈希计算，相比其他 3 个方案，本章方案具有更简单的构造方案。与 DS-PEKS 和 PAEKS 相比，随着关键字的增多，本章方案的优势会越来越大。

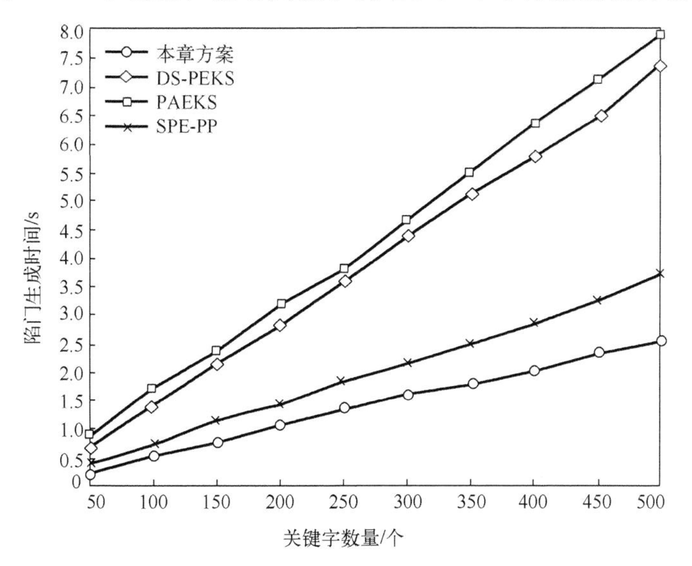

图 9.2　陷门生成时间

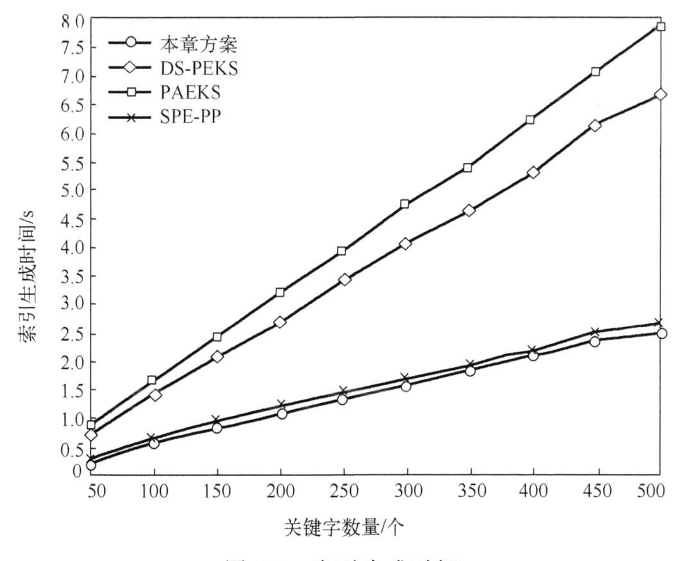

图 9.3　索引生成时间

3. 关键字检索时间

本章方案在进行关键字检索时一共进行了 3 次双线性对计算，相比于其他 3

个方案，计算开销较小。由图 9.4 可知，在关键字数量为 500 个时，本章方案比 PAEKS 和 SPE-PP 的效率大约高 25%。

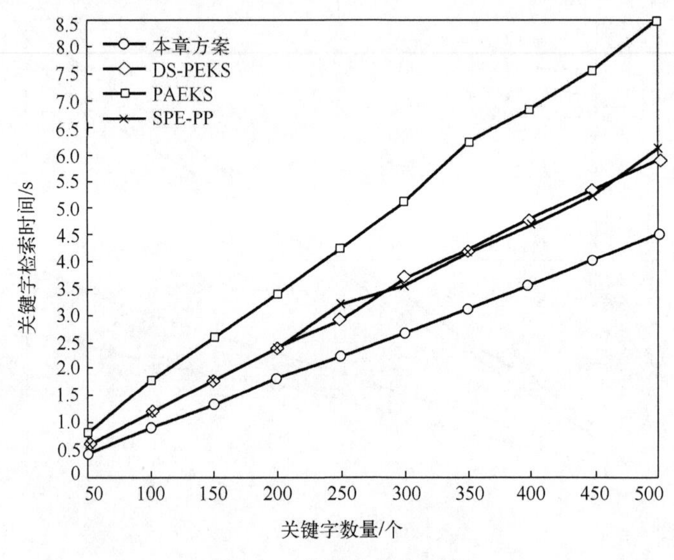

图 9.4　关键字检索时间

4. 区块链引入前后对比实验

区块链引入之后虽然会增加检索时间，但是增强了安全性。由图 9.5 可知，随着关键字数量的增多，引入区块链方案的检索时间增长量逐渐减少。

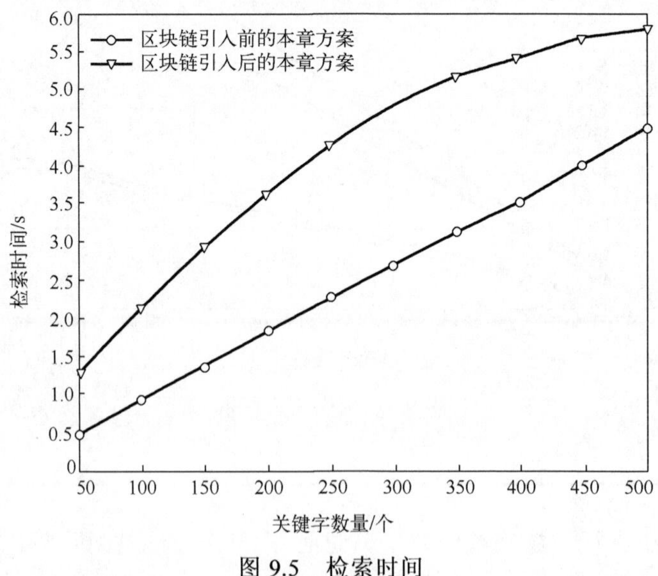

图 9.5　检索时间

9.5　本 章 小 结

本章提出一种基于区块链的公钥可搜索加密方案，这是一种一对多的可搜索加密方案，主要应用于搭载在公共平台上的私有云环境。方案主要解决两方面的问题：①保证陷门的安全性，利用 DBDH 困难问题构造原则使生成索引添加的随机数与生成陷门时添加的随机数不必相同，减少了用户与数据拥有者的通信资源开销，也预防了由信道安全引起的数据泄露问题；②利用区块链技术解决了传统方案中第三方的可信问题，同时利用区块链系统的公平公正特点，限制了服务器产生的恶意行为。安全性分析和挑战者游戏证明了本章方案的安全性。针对本章方案中索引生成时间、陷门生成时间、关键字检索时间进行了实验，关键字数量由 50 增大到 500，并对每个关键字数量各进行 50 次实验，对得到的时间开销取平均值，与文献[1]～[3]中的方案进行对比，证明了本章方案具有较高的效率。接下来的工作将针对可搜索加密，利用区块链技术在公有环境中进行多对多模型的研究，虽然本章能够利用区块链的高可信度，扮演权威可信机构的角色，限制服务器的恶意行为，但是在安全性与效率方面还需要进行更深入的研究。

参 考 文 献

[1] Chen R, Mu Y, Yang G, et al. Dual-server public-key encryption with keyword search for secure cloud storage[J]. IEEE Transactions on Information Forensics and Security, 2016, 11(4): 789-798.

[2] Huang Q, Li H. An efficient public-key searchable encryption scheme secure against inside keyword guessing attacks[J]. Information Sciences, 2017(403/404): 1-14.

[3] Wu L, Chen B, Zeadally S, et al. An efficient and secure searchable public key encryption scheme with privacy protection for cloud storage[J]. Soft Computing, 2018, 22(23): 7685-7696.

第10章 一种支持动态可验证的密文检索方案

恶意云服务器可能会返回给用户错误的密文数据结果，需要设计可以对结果进行验证的搜索加密方案，保证用户得到正确的结果。此外，动态可搜索加密技术可以实现数据更新，但是由于更新期间会发生数据隐私泄露问题，需要进一步提高方案的安全性，保护加密数据的隐私不受威胁。

为了解决搜索结果缺乏正确性验证和数据更新时产生的隐私泄露问题，本章提出基于区块链的动态可验证密文检索方案。将索引与聚合消息认证码进行加密，然后上传到区块链中，通过智能合约返回给用户搜索结果，解决恶意云服务器返回结果不正确的问题。引入版本指针用来指向更新状态，使得每次更新状态下关键字产生的陷门不同，从而保证数据更新时不会泄露相关信息。并且利用以太坊自身特性，将授权信息打包进交易中，实现数据拥有者对用户的授权访问控制。最后安全分析表明，本章方案除了满足自适应安全，还满足前向和后向安全定义。实验结果表明，本章方案减少了索引生成及验证时间，并具有更高的搜索效率。

10.1 整体结构

10.1.1 系统模型

系统模型主要由数据拥有者、云服务器、区块链系统和数据用户(data users，DU)组成，如图10.1所示。

(1)数据拥有者：主要负责将明文数据加密，并提取加密索引和AMAC(aggregate message authentication codes)。将密文数据上传到云服务器，加密索引和AMAC上传到智能合约中。用户请求搜索时，对数据用户进行授权并发送授权信息。

(2)云服务器：主要负责密文数据的存储，并根据数据用户上传的加密索引集合下发密文数据集合。

(3)区块链系统：主要负责接收并存储数据拥有者发送过来的加密索引及AMAC，接收数据用户上传的陷门，并根据陷门进行查询，将查询结果下发到数据用户。

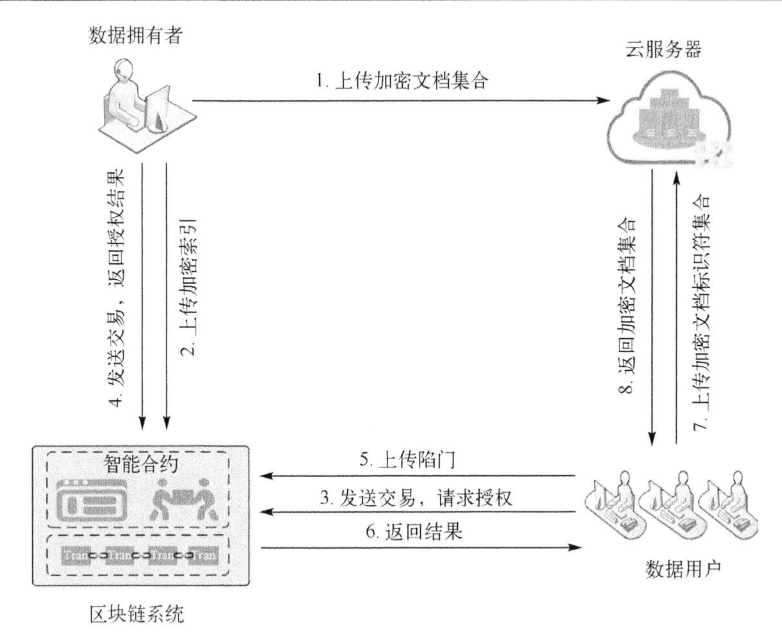

图 10.1　密文检索的系统模型架构图

(4) 数据用户：向数据拥有者请求授权后得到授权信息，并将授权信息上传到区块链中。根据查询结果，请求云服务器下发密文数据，最后进行本地验证。

10.1.2　安全目标

(1) 机密性：由于本章方案中索引存储在智能合约中，对任何实体而言都是透明且公开的，所以需要预先对索引进行加密处理，避免外部敌手获得有关索引的任何有效信息。

(2) 前向与后向安全：在动态搜索加密方案中，只有支持前向与后向安全，才可以保护数据发生更新时不泄露有关索引信息。其中前向安全指的是当添加了包含先前搜索的关键字的文档时，敌手无法通过之前的陷门获取有关该文档的相关有效信息。后向安全是指当一篇之前增加的文档被删除后，这篇文档不会在后续的搜索过程中泄露相关有效信息。

(3) 可验证性：由于恶意云服务器可能会返回错误密文结果，所以需要保证返回结果的可验证性。可验证性意味着当返回的结果是错误时，该结果及对应的证据无法通过验证。

10.1.3　威胁模型

由于区块链的公开性，其中存储的数据和智能合约的计算是公开的，根本没有隐私可言。因此，可能存在敌手通过分析区块链中存储的数据或交易信息来获取敏感信息。此外，云服务器可能由于某些原因而无法执行数据拥有者发出的更新操作，并将错误结果返回给数据用户。其中包括以下情况。

(1)数据拥有者添加了一个文档，但是云服务器没有执行添加操作。当数据用户搜索该文档中包含的关键字时，云服务器选择伪造一篇文档将其返回给数据用户。

(2)数据拥有者会更新某篇文档的内容，但云服务器并没有执行更新操作。当数据用户搜索此文档中包含的关键字时，云服务器将更新之前的文档返回给数据用户。

(3)云服务器并未按照数据拥有者的要求删除某篇文档。当数据用户搜索此文档中包含的关键字时，云服务器将应该删除的文档返回给了数据用户。

10.2 具体方案构造

10.2.1 初始化阶段

Setup $(\lambda)\to$Para, SK：输入安全参数λ，生成公开参数和本地参数。安全哈希函数包含以下函数$(h_1, h_2, h_3, h_4, h_5, H_1, H_2, H_3, G)$，其中 h_1 为$\{0, 1\}^{\lambda}\to\{0, 1\}^{2\lambda}$，$h_2$ 为$\{0, 1\}^{\lambda}\to\{0, 1\}^{\lambda+\lg N_{\max}}$($N_{\max}$ 为包含关键字的最大数量)，h_3, h_4 为$\{0, 1\}^{\lambda}\times\{0, 1\}^{\lg N_{\max}}\to\{0, 1\}^{2\lambda}$, h_5 为$\{0, 1\}^{\lambda}\times\{0, 1\}^{2\lambda-\lg N_{\max}}\to\{0, 1\}^{2\lambda}$, H_1 为$\{0, 1\}^{*}\times\{0, 1\}^{*}\to\{0, 1\}^{2\lambda-\lg N_{\max}}$, H_2 为$\{0, 1\}^{\lambda-1}\to\{0, 1\}^{2\lambda}$，$H_3$ 为$\{0, 1\}^{\lambda-1}\to\{0, 1\}^{\lambda}$，$G$ 为$\{0, 1\}^{*}\times\{0, 1\}^{*}\to\{0, 1\}^{\lambda-1}$，随后生成伪随机置换函数 P: $\{0, 1\}^{\lambda}\times\{0, 1\}^{\lambda}\to\{0, 1\}^{\lambda}$。最后，广播公开参数 Para = $\{h_1, h_2, h_3, h_4, h_5, H_1, H_2, H_3, P, P^{-1}\}$($P^{-1}$ 为 P 的反函数)，数据拥有者初始化一个本地更新状态表 Map，数据拥有者将本地参数 SK=$\{G$, Map$\}$保存在本地。

10.2.2 更新数据阶段

Update (Para, DB, F, Map)$\to$EDB, C：输入公共参数 Para，数据拥有者扫描外包明文文档集合 F(f_i 为文件集合 F 中的文件)，生成 MAC(δ_i)=Auth(f_i, K_m)，使用 AES 算法加密文档集合 F，得到密文文档集合 C 和加密数据库 FDB。初始化数据库 DB：$\{$ID, W, OP, $M\}$，其中 ID=$\{\mathrm{id}_1, \mathrm{id}_2,\cdots, \mathrm{id}_m\}$，$W=\{w_1, w_2,\cdots,w_d\}$，$M=\{\delta_1, \delta_2,\cdots,\delta_m\}$，随后将关键字 w_i 对应的倒排索引 DB$(w_i)=\{\mathrm{id}_1^{w_i},\mathrm{id}_2^{w_i},\cdots,\mathrm{id}_{k+l}^{w_i}\}$按照 OP 操作分为 DB$(w_i)_{\text{addition}}=\{\mathrm{aid}_1^{w_i},\mathrm{aid}_2^{w_i},\cdots,\mathrm{aid}_k^{w_i}\}$和 DB$(w_i)_{\text{deletion}}=\{\mathrm{did}_1^{w_i},\mathrm{did}_2^{w_i},\cdots,\mathrm{did}_l^{w_i}\}$。打包索引图如图 10.2 所示。

为了节约存储成本和保护索引中文档标识符数量，本章采用了打包索引技术，将 DB$(w_i)_{\text{addition}}$和 DB$(w_i)_{\text{deletion}}$中的文档标识符打包进块。

$$a=\left\lfloor\frac{\mathrm{DB}(w_i)_{\mathrm{addition}}}{p}\right\rfloor,\quad b=\left\lfloor\frac{\mathrm{DB}(w_i)_{\mathrm{deletion}}}{p}\right\rfloor \tag{10.1}$$

式中，p 是每块中包含的文档标识符数量，如果最后一块不足 p，则将其添加到下一块并且块数加一。设置 $\mathrm{DB}(w_i)_{\mathrm{addition}}$ 和 $\mathrm{DB}(w_i)_{\mathrm{deletion}}$ 中的每一块值为 $\mathrm{cd}_i=\mathrm{id}_1\|\mathrm{id}_2\cdots\mathrm{id}_p$ 及其对应的 AMAC 值为 $\varphi_i=\delta_1\oplus\delta_2\oplus\cdots\oplus\delta_p$。最后得到所有关键字集合 W 对应的打包索引数据库 PDB: {OP, PID, W, AM}，其中打包索引集合 PID={$\mathrm{cd}_1,\mathrm{cd}_2,\cdots,\mathrm{cd}_q$}，AMAC 集合 AM={$\varphi_1,\varphi_2,\cdots,\varphi_q$}，包含关键字 w_i 的打包索引集合 $\mathrm{PDB}(w_i)=\{\mathrm{cd}_1^{w_i},\mathrm{cd}_2^{w_i},\cdots,\mathrm{cd}_{a+b}^{w_i}\}$，其对应的 AMAC 集合为 $\mathrm{AM}(w_i)=\{\phi_1^{w_i},\phi_2^{w_i},\cdots,\phi_{a+b}^{w_i}\}$，随后执行以下算法(算法 10.1)。

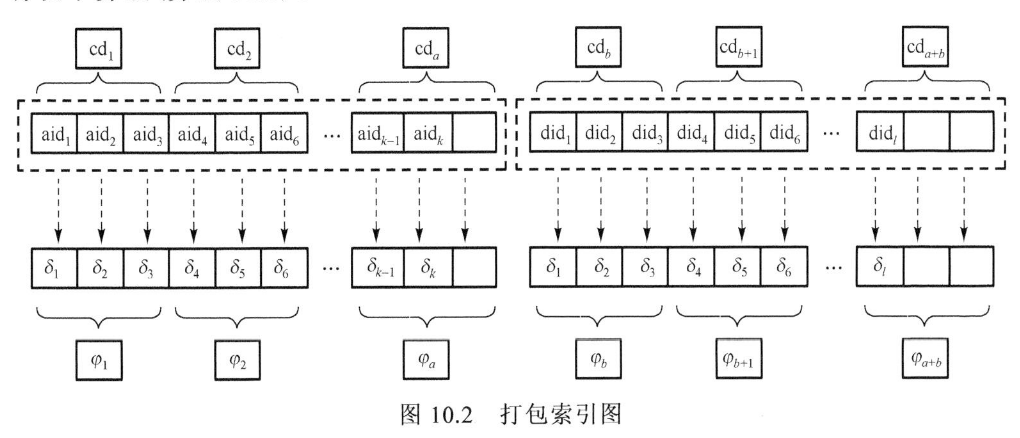

图 10.2　打包索引图

算法 10.1　数据更新算法

输入：打包索引数据库 PDB: {OP, PID, W, AM}；伪随机置换函数{P, P^{-1}}；安全哈希函数(h_1, h_2, h_3, h_4, h_5, H_1, H_2, H_3, G)及本地状态映射 Map；

输出：存储到智能合约中的映射集合 EDB。

1. for each $w_i \in W$ do
2. 　　$(\mathrm{st}_c^{w_i}, c) \leftarrow \mathrm{Map}[w_i]$;
3. 　　if　$\mathrm{Map}[w_i]=\perp$　then
4. 　　　　$\mathrm{st}_{-1}^{w_i} \leftarrow \{0,1\}^{\lambda}$, $c\leftarrow -1$;　　/*将 $\mathrm{st}_{-1}^{w_i}$ 置为随机数*/
5. 　　end　if
6. 　　$K_{c+1}^{w_i} \leftarrow \{0,1\}^{\lambda}$;　　/*将 $K_{c+1}^{w_i}$ 置为随机数*/
7. 　　$\mathrm{st}_{c+1}^{w_i}=P(K_{c+1}^{w_i},\mathrm{st}_c^{w_i})$;
8. 　　$\mathrm{Map}[w_i]=(\mathrm{st}_{c+1}^{w_i}, c+1)$;　　/*将最新的更新状态和版本指针存储到映射图中*/
9. 　　数据拥有者将更新保存在本地的映射图 Map 中；

10.　$\text{key}_{\text{len}}=h_1(\text{st}_{c+1}^{w_i})$;

11.　$\text{val}_{\text{len}}=(m\|K_{c+1}^{w_i})\oplus h_2(\text{st}_{c+1}^{w_i})$;　　/*$m$ 为 PDB(w_i)中的索引数，$m=|\text{PDB}(w_i)|=a+b$*/

12.　for each $\text{cd}_j^{w_i}\in\text{PDB}(w_i)$ do

13.　　$\text{EID}_j^{w_i}=H_1(c+1, w_i\|j)\oplus(\text{op}\|\text{cd}_j^{w_i})$;　　/*加密每一个打包索引*/

14.　　$\text{key}_j^{\text{id}}=h_3(\text{st}_{c+1}^{w_i}, j)$;　　/*$j$ 为 PDB(w_i)中打包索引下标*/

15.　　$\text{val}_j^{\text{id}}=(j\|\text{EID}_j^{w_i})\oplus h_4(\text{st}_{c+1}^{w_i}, j)$;

16.　　j++;

17.　end　for

18.　for $\phi_j^{w_i}\in\text{AM}(w_i)$ do

19.　　$\text{key}_j^{\text{amac}}=h_5(\text{st}_{c+1}^{w_i},\text{EID}_j^{w_i})$;　　/*将加密索引作为索引键指向对应的 AMAC*/

20.　　$\text{val}_j^{\text{amac}}=\phi_j^{w_i}$;

21.　end　for

22.　$\text{Tag}_{wi}=G(w_i, c+1)$;　　/*将版本指针和关键字加密生成标签*/

23.　$\text{key}_{w_i}=H_2(\text{Tag}_{wi})$;

24.　$\text{val}_{w_i}=H_3(\text{Tag}_{wi})\oplus\text{st}_{c+1}^{w_i}$;

25.　end　for

26.　将 $\text{EDB}=\{<\text{key}_{w_i},\text{val}_{w_i}>_i, <\text{key}_{\text{len}},\text{val}_{\text{len}}>_i, <\text{key}_j^{\text{id}},\text{val}_j^{\text{id}}>_i, <\text{key}_j^{\text{amac}},\text{val}_j^{\text{amac}}>_i\}$发送到智能合约中，其中 $i=\{1, 2,\cdots,d\}$，$j=\{1, 2,\cdots,m\}$。

在算法 10.1 中，c 为版本指针，用来指示关键字 w_i 的更新状态次数。从表面来看，更新的数据以键值的方式存储在区块链中，并且各自密文之间彼此无关。但是包含相同关键字的密文之间具有隐藏关系，如图 10.3 所示。其中最近更新状态依次指向之前的更新状态，并且每个更新状态还对应着本次全部的更新索引。

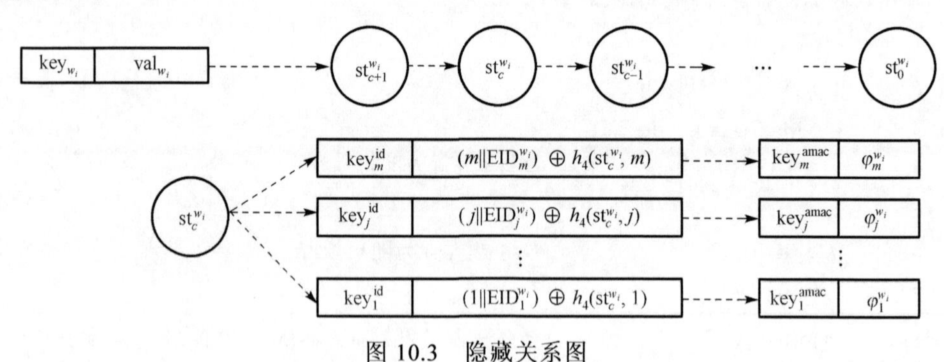

图 10.3　隐藏关系图

10.2.3　授权阶段

Authorization(Para, w_i, Map)→Q：数据拥有者与数据用户进行授权过程(图 10.4)。首先双方交换 EOA(end of address)，数据用户使用数据拥有者的公钥对自己的公钥和查询关键字进行加密操作 $CT_{DO}=PK_{DO}(PK_{user}||w_i)$，然后将密文 CT_{DO} 打包进一笔交易。

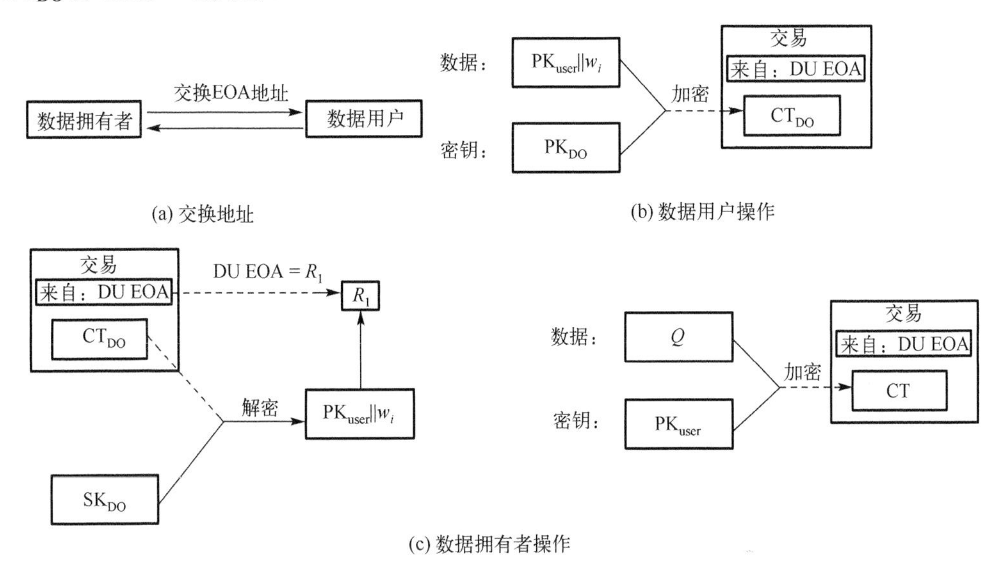

图 10.4　授权流程图

数据拥有者查询最近交易，然后对交易中的加密数据进行提取并进行解密。对提取出的用户公钥 PK_{user} 进行 Keccak-256 哈希运算，将最后的 20 字节截取为字符串 R_1，将 R_1 与发送地址 Addr 进行匹配，若 R_1=Addr，则表示数据用户请求授权，数据拥有者搜索本地映射图$(st_c^{w_i}, c)\leftarrow \text{Map}[w_i]$，随后计算陷门 $T_{wi}=G(w_i, c)$ 和授权信息 $Q=\{T_{wi}, c, K_f, K_m\}$，使用公钥 PK_{user} 对授权信息进行加密 $CT=PK_{user}(Q)$，并发送到区块链中。

用户检查最近区块中的交易，并检查地址是否为数据拥有者，若是，则用私钥 SK_{user} 解密获得授权信息 $Q=\{T_{wi}, c, K_f, K_m\}$。

10.2.4　搜索阶段

Search(Para, T_{wi}, EDB)→RI, α：输入公共参数 Para，数据用户调用智能合约并发送陷门 T_{wi}，随后智能合约执行算法 10.2。

算法 10.2　数据搜索算法

输入：存储到智能合约中的映射集合 EDB；伪随机置换函数$\{P, P^{-1}\}$；安全哈希函数$(h_1, h_2, h_3, h_4, h_5, H_1, H_2, H_3, G)$；查询关键字生成的陷门 T_{wi}；

输出：打包索引集合 RI；AMAC 结果 α。

1. 智能合约初始化一个空集 RI，将 α 置为 0;
2. $\text{key}_{w_i} = H_2(T_{wi})$;
3. $\text{val}_{w_i} = \text{EDB}[\text{key}_{w_i}]$;
4. $\text{st}_c^{w_i} = H_3(T_{wi}) \oplus \text{val}_{w_i}$;　　/*获得最新状态*/
5. $\text{key}_{\text{len}} = h_1(\text{st}_c^{w_i})$;
6. while $\text{EDB}[\text{key}_{\text{len}}] \neq \perp$ do
7. 　$\text{val}_{\text{len}} = \text{EDB}[\text{key}_{\text{len}}]$;
8. 　$(m \| K_c^{w_i}) = h_2(\text{st}_c^{w_i}) \oplus \text{val}_{\text{len}}$;
9. 　for　j=1 to m do;
10. 　　$\text{key}_j^{\text{id}} = h_3(\text{st}_c^{w_i}, j)$;
11. 　　$\text{val}_j^{\text{id}} = \text{EDB}[\text{key}_j^{\text{id}}]$;
12. 　　$(j \| \text{EID}_j^{w_i}) = \text{val}_j^{\text{id}} \oplus h_4(\text{st}_c^{w_i}, j)$;　　/*获取打包索引的密文*/
13. 　　$\text{RI} = \text{RI} \cup (j \| \text{EID}_j^{w_i})$;　　/*将打包索引的密文存储到结果 RI 中*/
14. 　　$\text{key}_j^{\text{amac}} = h_5(\text{st}_c^{w_i}, \text{EID}_j^{w_i})$;
15. 　　$\text{val}_j^{\text{amac}} = \text{EDB}[\text{key}_j^{\text{amac}}] = \varphi_j^{w_i}$;
16. 　　$\alpha = \alpha \oplus \varphi_j^{w_i}$;　　/*将 AMAC 存储到结果 α 中*/
17. 　　j++;
18. 　end　for
19. 　$\text{st}_{c-1}^{w_i} = P^{-1}(K_c^{w_i}, \text{st}_c^{w_i})$;　　/*计算之前的状态*/
20. 　$\text{st}_c^{w_i} = \text{st}_{c-1}^{w_i}$;　　/*重复执行第 5 步到第 19 步*/
21. end　while
22. 智能合约将 RI 和 α 存储在日志中并发布出去。

10.2.5　解密阶段

Decrypt(Para, w_i, c, RI)$\rightarrow I$：输入公共参数 Para、版本指针 c 和查询关键字 w_i。用户计算$(\text{op} \| \text{cd}_j^{w_i}) = \text{EID}_j^{w_i} \oplus H_1(n, w_i \| j)$，其中 $n=\{0, 1, \cdots, c\}$。随后对 $\text{cd}_j^{w_i}$ 进行解析，得到 $\text{id}_1, \text{id}_2, \cdots, \text{id}_p$。如果其中 op=deletion，则表明该打包索引对应的文档集合已经被删除无须进行下载，最终得到文档标识符集合结果 I。

10.2.6　验证阶段

Verify$(I, K_m, \alpha)\rightarrow 0$ 或 1：数据用户将文档标识符集合 I 上传到云服务器，云服务器根据最后文档标识符 I，将对应的密文文档集合发送给用户。随后用户在本地计算密文文档集合的 AMAC。

$$\alpha^{+}=\delta_1\oplus\delta_2\cdots\oplus\delta_p \tag{10.2}$$

若 $\alpha^{+}=\alpha$，则输出 1，代表通过验证环节，密文文档集合正确并进行解密；否则输出 0，意味着没有通过验证环节。

10.3　安 全 分 析

10.3.1　自适应安全

本章采用文献[1]的安全模型，在有状态的模拟器和敌手之前采用模拟游戏，其中挑战者与敌手之间游戏表示为 $\text{Real}_A^{\varPi}(\lambda)$，模拟器和敌手之间的游戏为 $\text{Ideal}_{A,s}^{\varPi}(\lambda)$。将游戏中的泄漏函数定义为 $L=(L_{\text{Setup}}, L_{\text{Update}}, L_{\text{Authorization}}, L_{\text{Search}})$。

定义 10.1　将本章方案定义为 $\varPi$=(Setup, Update, Authorization, Search)，S 表示模拟器，A 表示敌手，随后定义了以下两个游戏。

$\text{Real}_A^{\varPi}(\lambda)$：游戏首先计算 Setup 得到(Para, SK)，敌手 A 根据(Para, SK)上传一组明文文档集合 F，进行更新查询。游戏计算 Update(Para, DB, F, Map)，得到 EDB 和密文文档集合 C，并将结果返回给敌手 A。敌手 A 选择一个关键字 w_i，进行一次授权访问查询 Authorization(Para, w_i, Map)，生成授权信息 Q 返回给敌手 A。敌手 A 上传陷门进行一次搜索查询，游戏执行计算 Search(Para, T_{wi}, EDB)，将结果 RI 返回给敌手 A。敌手 A 重复以上操作 N 次，并输出一位 b，$b\in\{0, 1\}$。

$\text{Ideal}_{A,s}^{\varPi}(\lambda)$：首先，模拟器 S 通过泄漏函数 $S(L_{\text{Setup}})$ 生成 Para。随后，敌手 A 进行更新查询，模拟器 S 运行泄漏函数 $S(L_{\text{Update}})$，并将加密数据库 EDB 返回给敌手 A。模拟器 S 使用泄漏函数 $S(L_{\text{Authorization}})$ 生成授权信息 Q，并将授权信息 Q 返回给敌手 A。随后，敌手 A 发起搜索查询，模拟器 S 运行泄漏函数 $S(L_{\text{Search}})$，将结果 RI 返回给敌手 A。最后，敌手 A 输出一位 b，$b\in\{0, 1\}$。

只要本章方案对所有敌手存在以下公式，就可满足自适应安全定义。

$$\left|\Pr[\text{Real}_A^{\varPi}(\lambda)=1]-\Pr[\text{Ideal}_{A,S}^{\varPi}(\lambda)=1]\right|\leqslant \text{negl}(\lambda) \tag{10.3}$$

式中，negl(λ) 为可以忽略函数。

定理 10.1 如果 P 是一个安全的伪随机置换函数，并且所有安全的哈希函数具有抗冲突性质，则本章方案满足自适应安全定义[2-12]。

证明 通过以下游戏证明本章方案，每个游戏都与以前的游戏略有不同。其中 G_1 表示第一个游戏 $\mathrm{Real}_A^{\Pi}(\lambda)$，最后一个游戏为 $\mathrm{Ideal}_{A,S}^{\Pi}(\lambda)$。通过不可区分性的传递性质，证明了 $\mathrm{Real}_A^{\Pi}(\lambda)$ 和 $\mathrm{Ideal}_{A,S}^{\Pi}(\lambda)$ 在计算上是不可能区分的。

在游戏 G_2 中，维护一个列表 SL，其中 $\mathrm{SL}[w, c]=\mathrm{st}_c$，而不是通过 $P(K_c, \mathrm{st}_{c-1})$ 生成 st_c。在更新环节，当需要 st_c 时，游戏随机选取一个字符串 $\mathrm{st}_c=\{0, 1\}^{\lambda}$。因为伪随机置换函数是安全的，所以非常简单地得出 G_2 和 G_1 是不可区分的。

$$\left|\Pr[G_2=1]=\Pr[G_1=1]\right| \tag{10.4}$$

在游戏 G_3 中，将所有安全哈希函数转化为随机预言机，并维护一个列表用来存储每个预言机的输入与输出。举例而言，给定一个输入 x，随机预言机随机选取一个字符串 $y=h_1(x)$ 作为输出，然后将其插入到列表 $h_1\text{–}L$ 中。因为哈希函数具有抗冲突性，所以得出 G_3 和 G_2 是无法区分的。

$$\left|\Pr[G_3=1]=\Pr[G_2=1]\right| \tag{10.5}$$

在游戏 G_4 中，在更新环节并没有使用 $G(w_i,c)$ 生成 Tag_{wi}，而是采用一个随机字符串 $\mathrm{Tag}_{wi}=\{0, 1\}^{\lambda}$。同时游戏需要维护一个列表，用来响应敌手 A 的授权查询，其中列表存储的为 $(w_i, \mathrm{Tag}_{wi}, c)$。如果敌手可以区分，可以得出

$$\left|\Pr[G_4=1]-\Pr[G_3=1]\right| \leqslant \Pr[\mathrm{Bad}] \tag{10.6}$$

式中，Bad 表示敌手 A 可以区分随机字符串和 Tag_{wi} 的概率，这个概率为 $2^{\lambda}+\mathrm{negl}(\lambda)$。敌手最多进行 $q_1=\mathrm{poly}(\lambda)$ 次猜测，其中 $\mathrm{poly}(\cdot)$ 不是特性多项式。随后，通过以上公式可以得出 $\Pr[\mathrm{Bad}]\leqslant q_1\cdot 2^{-\lambda}+q_1\cdot\mathrm{negl}(\lambda)$。可以看出概率为可忽略的函数，因此得出 G_4 和 G_3 在计算上是不可区分的。

在最后一个游戏 G_5 中，模拟器使用泄漏函数从敌手 A 的视角进行模拟，其中泄漏函数包含搜索模式和更新历史。从敌手的角度来看，G_5 和 G_4 的行为是一样的。通过以上分析可以得出，G_5 和 G_4 是无法区分的。

$$\Pr[G_5=1]=\Pr[G_4=1]=\mathrm{Ideal}_S^{\Pi,A}(\lambda) \tag{10.7}$$

通过以上分析，可以得出

$$\left|\Pr[\mathrm{Real}_A^{\Pi}(\lambda)=1]-\Pr[\mathrm{Ideal}_A^{\Pi,A}(\lambda)=1]\right| \leqslant \Pr[\mathrm{Bad}] \tag{10.8}$$

因为 Pr[Bad]是可以忽略的函数，所以本章方案满足自适应安全。证毕。

10.3.2　前向安全

本章前向安全与文献[13]类似，由此给出以下分析。在本章方案中，陷门 T_{wi} 用来计算密文的更新状态。智能合约可以通过授权用户发送过来的陷门 T_{wi} 匹配当前更新状态对应的密文，并进行解密，获取最新状态 $st_c^{w_i}$，智能合约通过最新状态 $st_c^{w_i}$ 获得相关信息。接下来，通过 $st_{c-1}^{w_i}=P^{-1}(K_c^{w_i}, st_c^{w_i})$ 获得之前状态密文。如果数据发生更新，则将最新状态变更为 $st_{c+1}^{w_i}=P(K_{c+1}^{w_i}, st_c^{w_i})$，并使用 $st_{c+1}^{w_i}$ 去计算产生新的密文 $\langle key_{w_i}, val_{w_i}\rangle$。因为伪随机置换函数 P 的安全性，对手无法使用更新之前的陷门来匹配更新后的状态，因此本章方案满足了前向安全[14,15]。

10.3.3　后向安全

由于本章方案索引构造方式与文献[16]类似，所以给出以下分析。简单来说后向安全需要确保之前增加的文档被删除后，用户进行的后续搜索不会泄露关于这篇文档索引的任何信息。在本章方案中增加和删除操作使用加密索引 $EID_j^{w_i}=H_1(c+1, w_i\|j)\oplus(op\|cd_j^{w_i})$ 的形式，其中 c 作为版本指针被数据拥有者保存在本地。尽管由于智能合约的透明性，存储其中的数据是公开的，但是搜索之后的结果仍然是密文形式。敌手在无法获得版本指针的情况下，是无法获得任何明文索引信息的，也就无法得知索引中的 OP 是何种操作。因此，本章方案满足后向安全[17-23]。

10.3.4　可验证性

本章方案的验证方法与文献[12]类似，因此给出如下定义。

定义 10.2　定义一个可验证搜索加密方案为 Π=(Setup, Update, Authorization, Search)。其中 A 表示敌手，实验 Forge 可以表示为如下形式。

$Forge_\Pi^A$：敌手 A 查询 N 次，其中返回结果和 AMAC 表示为 $(C_{wi}, \alpha)\in\mathbb{R}$, $1\leqslant i\leqslant N$，并且对于返回结果和 AMAC 进行验证 Verify(C_{wi}, K_m, α)，如果存在返回结果和 AMAC 不属于$\mathbb{R}$并通过了验证，即 $(C_w^*, \alpha^*)\notin\mathbb{R}$，Verify$(C_w^*, K_m, \alpha^*)=1$。

证明　首先，假设敌手 A 可以找到 $(C_w^*, \alpha^*)\notin\mathbb{R}$。如果敌手 A 可以得到 Verify $(C_w^*, K_m, \alpha^*)=1$，那么需要满足以下条件。

敌手 A 可以找到一个元组 $\{C_w^*, \delta^*\}$，并非通过消息认证码生成公式 δ_i=Auth(f_i, K_m) 输出，并通过了验证，即 Verify$(C_w^*, K_m, \alpha^*)=1$。定义如果敌手 A 成功完成本次实验，则等价于可以伪造一个消息认证码通过验证，这种通过的概率定义可以表示为 $\Pr[Forge_\Pi^A]$。因为，本章方案中消息认证码生成函数是安全的，所以敌手可以伪造消息认证码通过验证的概率是可以忽略的。根据等式 Verify$(C_w^*, K_m, \alpha^*)=1$ 可以得出

$$\Pr[\mathrm{Forge}_{II}^{A}]=1-(1-\Pr[\mathrm{Forge}_{II}^{A}])\leqslant \mathrm{negl}(\lambda) \tag{10.9}$$

综上所述，本章方案满足可验证性定义。证毕。

10.4 性能分析

10.4.1 功能对比

将本章方案与文献[11]、[12]、[18]～[20]和[22]中的方案进行功能对比，如表 10.1 中所示。文献[11]方案可以支持数据拥有者-云服务器-用户模式下搜索加密，但是需要在这三者之间同步时间戳链，即使数据没有进行更新，也需要定时发送证据到云服务器上。对于少量更新时，为维护时间戳链产生了许多额外开销，并且每次更新需要查找 merkle patricia tree，对叶子节点进行更新。文献[12]中的方案支持动态更新，并对更新结果可以进行验证，但此方案只能在单用户模型下进行，并且每次更新时也需要对 MHT 进行更新，增加了数据拥有者的计算开销。对于文献[11]和[12]中的方案，每次搜索过程还需要对验证所需要的证据进行搜索，更新过程需要先完成对证据的搜索，然后对证据进行更新。

表 10.1　功能对比

方案	区块链系统	授权访问	完全更新	一对多模型	更新数据验证	前向安全与后向安全
文献[11]	否	否	是	否	是	—
文献[12]	否	否	是	否	是	—
文献[18]	是	否	是	是	否	否
文献[19]	是	否	否	是	—	—
文献[20]	是	是	否	是	否	否
文献[22]	是	否	是	否	否	是
本章方案	是	是	是	是	是	是

文献[18]～[20]和文献[22]中的方案都是基于区块链平台进行的，将搜索过程放入智能合约中。文献[19]中的方案是在静态环境下进行的，并不支持动态更新操作。文献[18]中的方案与文献[20]和[22]中的方案均支持动态更新，但是对于用户从云服务器中下载的数据正确性和云服务器中数据是否及时更新没有进行考

虑。文献[18]虽然在增强方案中提到支持一对多模型，但没有对如何进行授权和用户上传搜索信息进行说明。文献[20]中的方案只有增加和删除操作，并没有考虑对原始数据的更新。

由于文献[11]和[12]中的方案是一般化验证方案，其中并没有包含具体完整的可搜索加密方案，所以无法知道其是否支持前向后向安全。文献[18]中的方案并没有涉及数据更新，所以也就无法定义其是否支持前向后向安全。文献[18]和[20]中的方案均不支持前向后向安全，虽然文献[22]中的方案考虑了前向安全与后向安全，但由于其陷门构造使用公钥加密，没有很好地解决授权问题。

从功能上分析，本章方案不仅实现了一对多模型下授权访问功能，而且对于云服务器不诚实更新数据情况，用户可以进行本地验证。在保证以上功能的同时，也支持前向安全与后向安全，大大提高了数据的安全性。

10.4.2 实验分析对比

本章方案实验环境为 64bit Windows 操作系统，处理器为 Intel Core i5-4570，CPU 主频为 3.20GHz，内存为 16GB。本章使用 Enron Email 数据集作为原始数据集，并提取出 6560 篇文档作为测试数据集。实验中智能合约使用 Solidity 语言，与智能合约交互语言为 JavaScript 语言。数据拥有者方面使用 Python 语言对数据集提取关键字并生成索引，利用 160bit ECC(elliptic curve cryptography，椭圆曲线加密)对授权信息进行加密。对部署到本地测试网络 Ganache 中的智能合约进行性能测试。实验中安全哈希函数基于 SHA256 构造，伪随机置换函数使用 AES(CBC 模式，密钥为 128bit)，并且 MAC 生成算法采用 HMAC-SHA256，加密文档集合则使用 AES 对称加密算法。

本次实验从三个方面进行对比：索引生成时间、搜索时间和验证时间。在每一个数量级进行 50 次反复实验，求出时间开销的平均值，保证实验结果的准确性。

1. 索引生成时间开销

首先，在索引加密的时间成本方面，将本章方案与其他方案进行了比较。如图 10.5 所示，索引加密时间随着关键字数量的增加而增加。由于本章方案与其他方案相比增加了验证功能，因此有必要在索引加密阶段添加 AMAC 的计算和加密。并且图 10.5 仅显示了文献[18]和[20]的方案中初始数据集上传部分，而本章方案中将初始数据集也看作一次数据更新，并增加了前向安全和后向安全。综合上述原因，本章方案在索引加密阶段会比文献[18]和[20]的方案计算代价略高。随着关键字数量的增加，本章方案的索引加密时间比文献[22]的方案更加高效。造成这种差异的主要原因是文献[22]的方案没有使用打包索引操作，并且所有索引都需要加密，导致开销增大。

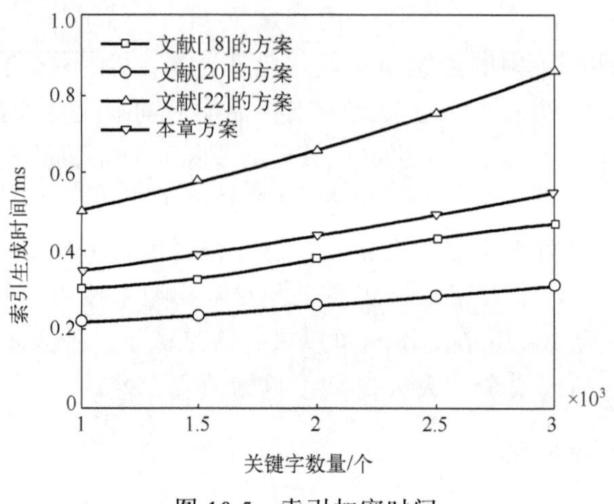

图 10.5　索引加密时间

2. 搜索时间开销

如图 10.6 所示，随着匹配索引数量的增加，本章方案中搜索算法的时间成本比其他方案更低。此结果的主要原因是，文献[18]和[20]中的方案在执行搜索操作时，需要对原始数据索引和更新数据索引分别进行搜索，搜索结果中的每个文档标识符还需要依次进行额外的哈希运算，检查其是否删除，从而返回最终结果。由于文献[22]中的方案每条索引只对应一个文档标识符，所以在搜索过程中需要对所有索引进行搜索，而本章方案只需要对打包索引进行搜索，提高了搜索效率。

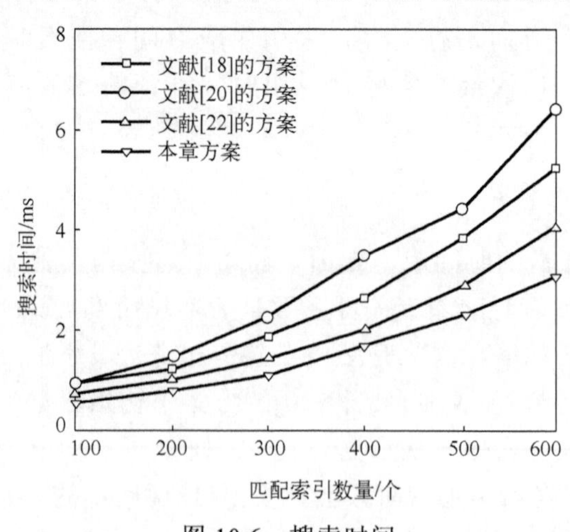

图 10.6　搜索时间

3. 验证时间开销

由于文献[18]、[20]和[22]中的方案并没有对返回结果验证，所以将本章方案与文献[11]和[12]的方案进行验证时间的对比。如图 10.7 所示，本章方案在验证时间开销方面低于其他方案，主要原因在于本章方案只需要对云服务器返回的密文文档集合进行哈希运算，随后进行异或操作。而对于文献[12]中的方案来说，除了对云服务器返回密文文档集合进行哈希运算，还需要对从叶子节点到根节点路径上所有节点进行哈希运算，进而对 MHT 的根节点进行验证。文献[11]的方案除了对 merkle patricia tree 的根节点进行验证，还需要对数据产生的认证标志进行新鲜度验证。并且文献[12]中的方案在实际应用中，会存在百毫秒级别的验证延时，这种延时主要是由更新间隔造成的，对于用户体验并不是很好。

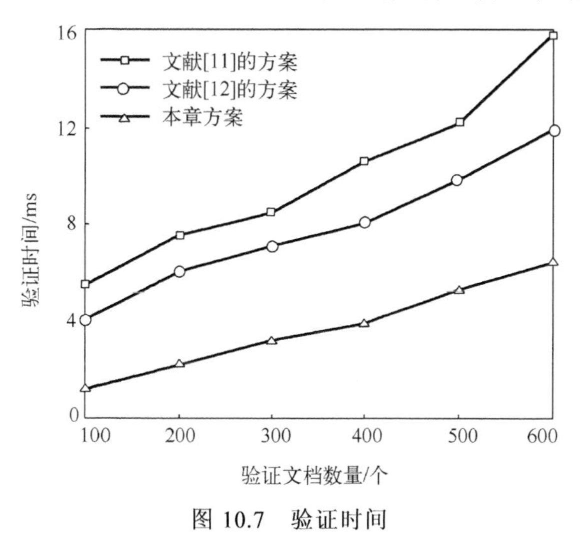

图 10.7　验证时间

10.5　本章小结

本章方案在可搜索加密的基础上，将区块链与可搜索加密相结合，提出了一种基于区块链的动态可验证密文检索方案。本章方案主要应用于需要确保数据绝对安全的私有云环境，如机密机构的数据库。通过以太坊账户的特性，可以实现一对多环境下的授权访问控制。依靠以太坊的特性，解决了恶意服务器返回结果的正确性问题。并且针对云服务器不更新数据问题，本章方案通过引入聚合消息认证码技术，创新性地解决了数据更新时对返回结果的验证。本章方案还支持前向安全和后向安全，确保了数据更新时不会泄露任何隐私。同时针对不同方案中索引生成时间、检索时间和验证时间三个方面进行了实验测试，测试结果显示本章方案具有较高的效率。

接下来的工作将会针对可搜索加密如何在区块链环境下，实现多关键字和关键字排序等更加灵活的查询方式，让用户得到更加准确的返回结果。

参 考 文 献

[1] Song D X, Wagner D, Perrig A. Practical techniques for searches on encrypted data[C]. Proceedings of IEEE Symposium on Security and Privacy, Berkeley, 2000: 44-55.

[2] Goh E J. Secure indexes[R/OL]. [2019-01-28]. http://crypto.stanford.edu./~eujin/papers/secureindex/.

[3] Curtmola R, Garay J, Kamara S, et al. Searchable symmetric encryption: Improved definitions and efficient constructions[J]. Journal of Computer Security, 2011, 19(5): 895-934.

[4] Kamara S, Papamanthou C, Roeder T. Dynamic searchable symmetric encryption[C]. Proceedings of the 2012 ACM Conference on Computer and Communications Security, New York, 2012: 965-976.

[5] Miao Y, Tong Q, Deng R, et al. Verifiable searchable encryption framework against insider keyword-guessing attack in cloud storage[J]. IEEE Transactions on Cloud Computing, 2022, 10(2): 835-848.

[6] Liang Y, Li Y, Cao Q, et al. VPAMS: Verifiable and practical attribute-based multi-keyword search over encrypted cloud data[J]. Journal of Systems Architecture, 2020, 108: 101741.

[7] Yang W, Zhu Y. A verifiable semantic searching scheme by optimal matching over encrypted data in public cloud[J]. IEEE Transactions on Information Forensics and Security, 2020, 16: 100-115.

[8] Tong Q, Miao Y, Liu X, et al. VPSL: Verifiable privacy-preserving data search for cloud-assisted internet of things[J]. IEEE Transactions on Cloud Computing, 2020, 99: 1.

[9] Sharma D, Jinwala D. Simple index based symmetric searchable encryption with result verifiability[J]. Frontiers of Computer Science, 2021, 15(2): 1-3.

[10] Kurosawa K, Ohtaki Y. How to update documents verifiably in searchable symmetric encryption[C]. International Conference on Cryptology and Network Security, Cham, 2013: 309-328.

[11] Zhu J, Li Q, Wang C, et al. Enabling generic, verifiable, and secure data search in cloud services[J]. IEEE Transactions on Parallel and Distributed Systems, 2018, 29(8): 1721-1735.

[12] Wang B, Fan X. Lightweight verification for searchable encryption[C]. IEEE International

Conference on Trust, Security and Privacy in Computing and Communications, New York, 2018: 932-937.

[13] Stefanov E, Papamanthou C, Shi E. Practical dynamic searchable encryption with small leakage[C]. Network and Distributed System Security Symposium, San Diego, 2014: 72-75.

[14] Sophos B. Forward secure searchable encryption[C]. Proceedings of the ACM SIGSAC Conference on Computer and Communications Security, Vienna, 2016: 1143-1154.

[15] Yoneyama K, Kimura S. Verifiable and forward secure dynamic searchable symmetric encryption with storage efficiency[C]. International Conference on Information and Communications Security, Cham, 2017: 489-501.

[16] Bost R, Minaud B, Ohrimenko O. Forward and backward private searchable encryption from constrained cryptographic primitives[C]. Proceedings of the ACM SIGSAC Conference on Computer and Communications Security, Dallas, 2017: 1465-1482.

[17] Li H, Zhang F, He J, et al. A searchable symmetric encryption scheme using blockchain[J]. arXiv preprint arXiv: 1711. 01030, 2017.

[18] Hu S, Cai C, Wang Q, et al. Searching an encrypted cloud meets blockchain: A decentralized, reliable and fair realization[C]. IEEE INFOCOM Conference on Computer Communications, Honolulu, 2018: 792-800.

[19] Chen L, Lee W K, Chang C C, et al. Blockchain based searchable encryption for electronic health record sharing[J]. Future Generation Computer Systems, 2019, 95: 420-429.

[20] Jiang S, Liu J, Wang L, et al. Verifiable search meets blockchain: A privacy-preserving framework for outsourced encrypted data[C]. IEEE International Conference on Communications, Shanghai, 2019: 1-6.

[21] Li H, Tian H, Zhang F, et al. Blockchain-based searchable symmetric encryption scheme[J]. Computers and Electrical Engineering, 2019, 73: 32-45.

[22] Chen B, Wu L, Wang H, et al. A blockchain-based searchable public-key encryption with forward and backward privacy for cloud-assisted vehicular social networks[J]. IEEE Transactions on Vehicular Technology, 2020, 69(6): 5813-5825.

[23] Li H, Zhang C, Huang H J, et al. Algorithm for encrypted search with forward secure updates and verification[J]. Journal of Xidian University, 2020, 47(5): 48-56.

第 11 章　支持双向验证的动态密文检索方案

由于实际情况的复杂多变，除了恶意云服务器的存在，用户在请求云服务器进行搜索服务后，可能会出于自私的目的，否认云服务器返回的正确结果，进而拒绝向其支付服务费，所以需要对恶意用户与恶意云服务器进行双向验证，保证本章方案各实体诚实操作。

为了解决动态环境下用户与云服务器的不诚实性问题，本章提出了支持双向验证的动态密文检索方案，实现用户与云服务器之间的双向验证。引入位图索引及同态加法对称加密技术，使用位图索引表示单个关键字每次更新涉及的所有文档标识符，减少了云服务器搜索次数和本地索引加密次数，从而提高了搜索及更新效率，并且利用同态加法对称加密技术对位图索引进行加密，可以有效地保护数据的安全更新。将聚合消息认证码上传到区块链中，利用区块链对云服务器返回的结果进行正确性验证，防止用户和云服务器发生欺骗行为。最后，实验结果和安全分析表明，本章方案满足前向安全与后向安全，并且在搜索、更新及验证方面提高了效率[1-10]。

11.1　整 体 结 构

1. 系统模型

系统模型如图 11.1 所示，分为三个实体部分，分别为客户端、云服务器及区块链。

2. 威胁模型

本章为了应对更加复杂的情况，假设整个方案置于不可信的环境进行设计，存在以下三种强有力的敌手。

(1) 由于区块链的公开透明特性，存储数据及进行的操作都是公开的，可能存在潜在敌手会对数据及操作进行分析，获取各自之间的联系，进而对数据安全及用户隐私产生威胁。

(2) 客服端在请求服务器进行搜索服务后，可能会出于自私的目的，否认服务器返回的正确结果，进而拒绝向其支付服务费。

(3) 云服务器可能会对存储本地的数据进行分析，获取一些敏感信息；还可能会出于某些自私的原因，提供给用户不可信的操作，其中主要涉及更新及搜索服务。当客户端提出请求后，云服务器拒绝提供服务并返回错误结果[11-15]。

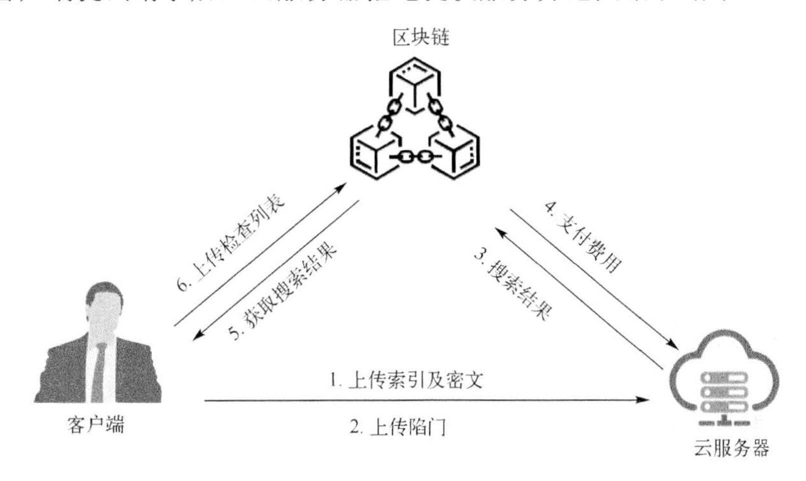

图 11.1 密文检索的系统架构图

3. 安全目标

基于以上威胁模型，本章方案应遵循以下安全目标，以达到保护用户隐私及数据安全的目的。

(1) 隐私性：由于云服务器和其他潜在的敌手可能会对数据和索引进行分析，所以需要预先对数据及索引进行加密处理，避免敌手获取任何敏感信息。

(2) 前向安全：前向安全指的是指客户端上传了一篇新文档，这篇文档中包含之前搜索过的关键字，敌手无法通过之前的陷门搜索到该文档，也就无法得到关键字与该文档之间的关系。

(3) 后向安全：后向安全指的是先前添加的文档被删除后，后续的搜索操作不会泄露该文档的信息。其中后向安全在文献[1]被分为三种类型，本章方案比 Type-I 类型还要安全，即敌手除了更新时间及最后结果，无法获得任何信息。

(4) 验证性：需要对恶意用户及恶意云服务器进行双向验证，将验证过程交由区块链去执行，保证了各个实体的诚实操作。

11.2 系统描述

11.2.1 设计理念

前向安全与后向安全作为动态搜索加密方案中的两个重要的安全属性，在更新时需要生成新的关键字令牌，并且保证敌手无法知晓结果涉及的文档插入时间。而结果完整性验证则需要知道结果是否涉及同一关键字，这与上述方法产生冲突。由于存储空间及计算能力的限制，将结果交由用户验证是不切实际的。此外，用户还可能谎称错误结果，进而拒绝支付服务费。因此，本章方案需要解决以下两个问题：①前向安全、后向安全与结果验证之间的冲突；②结果验证的可信问题。

根据后向安全的简单定义，只需要保证云服务器在搜索某个关键字时，无法搜索到先添加后删除的文档即可。我们可以改变索引及加密方式，使得云服务器无法识别删除操作与增加操作的区别来达到后向安全。对于加密技术，由于位图索引的增加和删除操作都可以使用模加法表示，然后使用同态加法对称加密技术对位图索引进行加密，使得在云服务器看来都是在添加加密数据，也就无法知道关键字与删除的文档之间的关系。通过以上方法，将问题简化为前向安全与结果验证之间的冲突及结果验证的可信问题。

首先，为了解决结果验证的可信问题，引入区块链系统作为第三方可信实体，客户端将预先定义的检查列表上传到智能合约中，对云服务器返回的加密结果进行验证。由于区块链的公开验证及不可否认性，保证了验证结果的绝对可信，使得云服务器无法返回错误结果，客户端也无法谎称正确结果是错误的。

其次，需要解决前向安全与结果验证之间的冲突问题。对于本章方案，需要保证云服务器存储的索引和区块链中存储的检查列表满足前向安全。根据前向安全的简单定义，可以简化为该加密数据在被搜索过之后再进行更新操作，需要生成新的标志指向该加密数据，而没有搜索过就进行更新的数据，则不需要生成新的标志。检查列表在每次更新时都需要生成新的标志，主要原因是：①如果该关键字是搜索之后的首次更新，需要生成新的标志指向新的检查列表，防止智能合约利用之前的检查列表对结果进行验证，产生错误的验证结果。②如果该关键字不是搜索之后的首次更新，需要搜索之前的检查列表，将新的加密索引对应的 MAC 与之前检查列表进行聚合，这种情况也需要生成新的标志指向新的检查列表。并且对于以上两种情况，为了防止敌手测试从未查询过的加密结果与检查列表之间的关系，每次更新后检查列表需要插入一个新的随机数 α。同样，对于存储在云服务器中的加密索引，索引标志只有在搜索之后才会更新。最后，对于验证通过的加密结果将永久保存在区块链中，在该关键字没有发生更新的情况下，客户端可以直接从区块链中获取加密结果，避免了云服务器的重复搜索操作，提高了搜索效率。

如图 11.2 所示，其中 T_w^j 是关键字 w 对应的搜索令牌，L_w^j 为关键字 w 对应的检查列表的标志，bs_i 代表本次更新的位图索引，V_i 代表 bs_i 对应的哈希认证表示。可以看出一个完整的搜索过程是在搜索之后进行验证，在验证通过之后就会记录在区块链中。从图 11.2 中可以看出两次更新之间的区别，第一次更新由于是在搜索之后首次更新，所以采用了新的搜索令牌 T_w^2，而第二次更新期间并没有进行搜索，所以也不需要更新搜索令牌，仍然使用搜索令牌 T_w^2，但是检查列表标志在每次更新期间都需要使用新的标志 L_w^j。

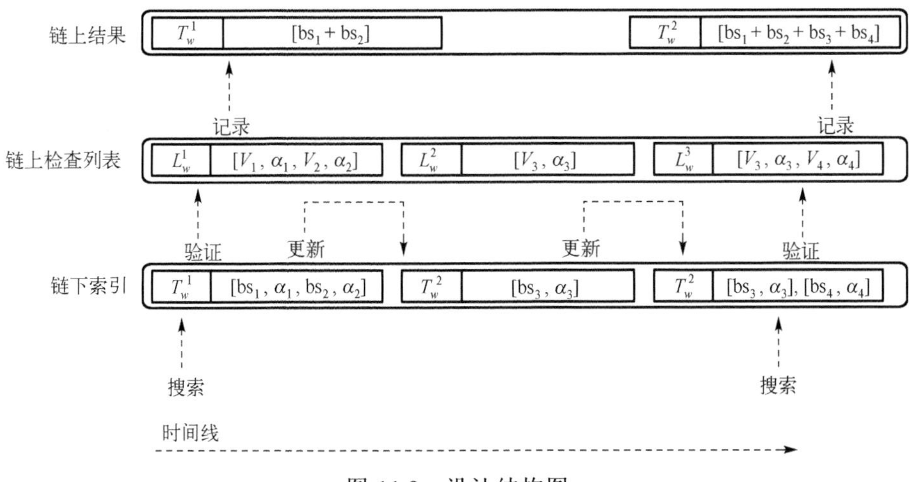

图 11.2　设计结构图

11.2.2　具体方案构造

Setup(1^λ)：客户端在本地初始化系统，输入参数λ，输出主密钥 $K\leftarrow\{0, 1\}^\lambda$ 和一个整数 $n=2^m$，其中 m 为此方案可以容纳的最大文件数。两个空集 Map 和 EDB，其中 Map 用来记录更新及搜索状态，EDB 用来存储加密数据集。

Buildindex(w, bs, Map, EDB)：输入关键字 w 及其对应的字符串 bs。将更新次数 c 及搜索次数 cs 置为 0，搜索状态 S 置为 N，表示没有被搜索。首先生成搜索令牌 K_1、密钥令牌 K_2 和检查列表标志 l_c。利用搜索令牌 K_1 生成新的索引指针 UT_c，由于初始化时该指针为首个指针，并不存在以前的指针，所以将之前的指针置为空，并进行异或操作得到密文 CT_c。随后，用密钥令牌 K_2 与当前更新次数 c 生成一次性密钥 Sk_c，对字符串 bs 加密。客户端生成随机数 α_c，与密文 E_c 进行哈希认证。最后，将加密数据库 EDB 及检查列表 L 分别发送到云服务器和区块链，客户端本地更新 Map。

算法 11.1 为构建索引算法。

算法 11.1　构建索引算法

输入：需要构建索引的关键字 w，关键字对应的位图索引 bs，本地状态映射 Map，加密数据库 EDB;

输出：检查列表 L 及加密数据库 EDB。

Client:

1. 生成一个随机数 α_c;
2. $\{c, \text{cs}\} \leftarrow 0$, $S \leftarrow \text{N}$, $l_c \leftarrow F(K, \text{cs}||c)$;
3. $K_1 \leftarrow F(K, w||\text{cs})$, $K_2 \leftarrow F(K, w||\perp)$;
4. $\text{UT}_c \leftarrow H_1(K_1, c)$;
5. $\text{CT}_c \leftarrow H_2(K_1, \text{UT}_{c+1}) \oplus \perp$;　　/*初始化时并不存在之前的指针，$\text{UT}_{c-1}$ 置为空*/
6. $\text{Sk}_c \leftarrow H_3(K_2, c)$;
7. $E_c \leftarrow \text{Enc}(\text{Sk}_c, \text{bs}, n)$;
8. $V_c \leftarrow H_4(E_c, \alpha_c)$;
9. 将[UT_c: CT_c, E_c, α_c]发送到服务器，将[l_c: V_c]发送到区块链;
10. 更新 $\text{Map}[w] \leftarrow \{c, \text{cs}, S, \text{UT}_c\}$;

Cloud Server:

服务器更新 $\text{EDB}[\text{UT}_c] \leftarrow \{\text{CT}_c, E_c, \alpha_c\}$;

Blockchain:

区块链将更新检查列表 $L[l_c] \leftarrow \{V_c\}$;

Search(w, Map, EDB)：客户端获取关键字 w 的本地状态，计算搜索令牌 K_1。接下来需要对 S 进行判断，如图 11.3 所示。①如果等于 Y，则说明该关键字在搜索过后没有发生更新，并且搜索结果验证通过之后记录在区块链上，只需将搜索令牌 K_1 发送到区块链中，获取之前的结果 Sum_e。②否则说明该关键字有更新后的索引还没有被搜索，需要计算最新索引指针 UT_c、检查列表标志 l_c 及之前的搜索令牌 K_1，并将其发送到云服务器进行搜索。

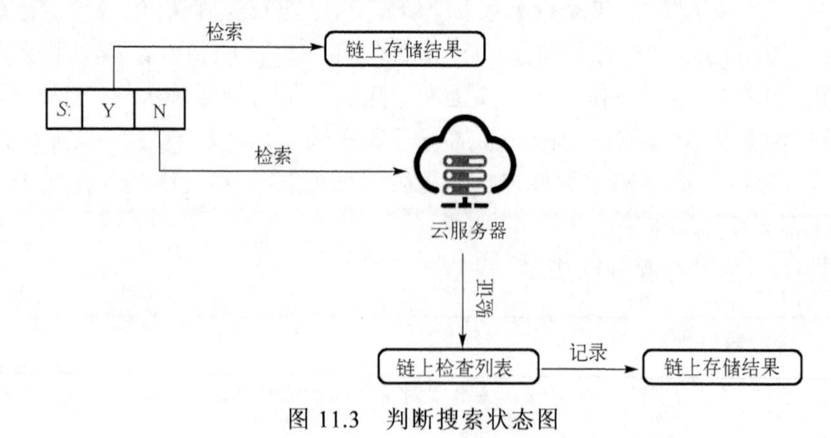

图 11.3　判断搜索状态图

云服务器搜索所有与关键字 w 有关的密文，直到索引指针对应空值，随后将搜索令牌和检查列表标志$\{K_1, K_1^{-1}, l_c\}$和所有密文$\{E_c,\cdots,E_{c-i}\}$及随机数结果，$\{\alpha_c,\cdots,\alpha_{c-i}\}$发送到区块链中。

智能合约将密文与随机数进行异或，与检查列表 L 匹配，验证通过后搜索之前结果 MEI[K_1^{-1}]，如果结果不存在，则说明本次为首次搜索，需要对 Sum_e 初始化，所有结果利用同态加法对称加密获得最终结果，将最终结果记录在区块链内。

客户端得到密文结果后，本地计算密钥 Sum_{sk}，解密获得最终字符串 bs 及匹配文档标识符。

算法 11.2 为搜索算法。

算法 11.2　搜索算法

输入：需要搜索的关键字 w，本地状态映射 Map 及加密数据库 EDB；

输出：关键字 w 对应的最终结果 bs。

Client:

1. 获取$\{c, \text{cs}, S, \text{UT}\}\leftarrow\text{Map}[w]$, $K_1\leftarrow F(K, w\|\text{cs})$;
2. if S==Y then
3. 　将 K_1 发送到区块链中;
4. 　区块链进行搜索$\{\text{Sum}_e\}\leftarrow\text{MEI}[K_1]$;
5. 　return Sum_e;
6. else
7. 　$\text{UT}_c\leftarrow H_1(K_1, c)$, $l_c\leftarrow F(K, \text{cs}\|c)$, $K_1^{-1}\leftarrow F(K, w\|\text{cs}-1)$, $S\leftarrow$Y;
8. 将$\{\text{UT}_c, K_1, K_1^{-1}, l_c\}$广播到区块链中;
9. end if

Cloud Server:

1. for i=0 until EDB[UT_i]=⊥ do
2. 　$\{\text{CT}_c, E_c, \alpha_c\}\leftarrow\text{EDB}[\text{UT}_c]$;
3. 　$\text{UT}_{c-1}\leftarrow\text{CT}_c\oplus H_2(K_1, \text{UT}_c)$;
4. end for
5. 将$\{K_1, K_1^{-1}, l_c\}$,$\{E_c,\cdots, E_{c-i}\}$,$\{\alpha_c,\cdots, \alpha_{c-i}\}$发送到区块链;

Blockchain:

1. $V_w\leftarrow H_4(E_c, \alpha_c)\oplus\cdots\oplus H_4(E_{c-i}, \alpha_{c-i})$;
2. if $V_w == L[l_c]$ then
3. 　$\{\text{Sum}_e\}\leftarrow\text{MEI}[K_1^{-1}]$;
4. 　if MEI[K_1^{-1}]==⊥ then　　　　/*如果不存在，则需要初始化*/

5. $\mathrm{Sum}_e \leftarrow 0$;
6. end if
7. for $j=c$ to $c-i$ do
8. $\{\mathrm{Sum}_e\} \leftarrow \mathrm{MEI}[K_1^{-1}]$;
9. $\mathrm{Sum}_e \leftarrow \mathrm{Add}(\mathrm{Sum}_e, E_j, n)$;
10. end for
11. end if
12. 将结果 $\mathrm{MEI}[K_1] \leftarrow \mathrm{Sum}_e$ 保存在区块链;

Client:

1. $\mathrm{Sum}_{\mathrm{sk}} \leftarrow 0$;
2. for $i=0$ to c do
3. $\mathrm{Sk}_i \leftarrow H_3(K_2, i)$;
4. $\mathrm{Sum}_{\mathrm{sk}} \leftarrow \mathrm{Sum}_{\mathrm{sk}} + \mathrm{Sk}_i \bmod n$;
5. end for
6. $\mathrm{bs} \leftarrow \mathrm{Dec}(\mathrm{Sum}_{\mathrm{sk}}, \mathrm{Sum}_e, n)$;

Update(w, bs, Map, EDB)：客户端获取关键字 w 对应的更新状态，对字符串进行加密和哈希认证，生成新的检查列表标志 l_{c+1}。接下来对 S 进行判断：①如果等于 Y，表示该关键字搜索之后的首次更新，需要将搜索次数 cs 更新，生成新的密钥 K_1^*，最后将 S 置为 N；②否则代表该关键字在更新后并没有被搜索，可以使用之前的密钥 K_1，新的索引指针与之前指针进行连接。由区块链获取之前的检查列表，与新的消息认证码 V_{c+1} 进行异或，得到新的检查列表。最后将加密数据库 EDB 及新的检查列表 L 发送到云服务器与区块链，本地更新 Map。

算法 11.3 为更新算法。

算法 11.3　更新算法

输入：需要更新的关键字 w，关键字对应的位图索引 bs，本地状态映射 Map，加密数据库 EDB；

输出：更新后的检查列表 L 及加密数据库 EDB。

Client:

1. 获取 $\{c, \mathrm{cs}, S, \mathrm{UT}\} \leftarrow \mathrm{Map}[w]$;
2. $l_{c+1} \leftarrow F(K, \mathrm{cs}\|c+1)$;
3. $K_2 \leftarrow F(K, w\|\perp)$，生成一个随机数 α_{c+1};
4. $\mathrm{Sk}_{c+1} \leftarrow H_3(K_2, c+1)$;

```
5.  E_{c+1}←Enc(Sk_{c+1}, bs, n);
6.  V_{c+1}←H_4(E_{c+1}, α_{c+1});
7.  if S==Y then                          /*对当前关键字对应的搜索状态进行判断*/
8.      cs=cs+1;
9.      K_1^*←F(K, w||cs);                /*生成新的密钥*/
10.     UT_{c+1}←H_1(K_1^*, c+1);
11.     CT_{c+1}←H_2(K_1^*, UT_{c+1})⊕⊥;  /*此索引指针为更新后的首个索引指针*/
12.     更新 L[l_{c+1}]=V_{c+1};
13.     S←N;
14. else
15.     l_c←F(K, cs||c);
16.     K_1←F(K, w||cs);                  /*仍然使用之前的密钥*/
17.     UT_{c+1}←H_1(K_1, c+1);
18.     CT_{c+1}←H_2(K_1, UT_{c+1})⊕UT_c; /*此索引指针连接到之前的索引指针上*/
19.     向区块链请求之前的检查表 L[l_c];
20.     更新 L[l_{c+1}]=L[l_c]⊕V_{c+1};
21. end  if
22. 更新 Map[w]←{c, cs, S, UT};
23. 将[UT_{c+1}: CT_{c+1}, E_{c+1}, α_{c+1}]发送到服务器;
24. 将[l_{c+1}: L[l_c]⊕V_{c+1}]发送到区块链;
Cloud Server:
服务器更新 EDB[UT_{c+1}];
Blockchain:
区块链将更新检查列表 L[l_{c+1}];
```

11.3　安全分析

11.3.1　自适应安全定义

本章方案采用文献[2]中的安全模型，通过现实模型 Real 和理想模型 Ideal 完成。Real 模型与本章方案中行为一致，而 Ideal 模型则反映了模拟器 S 的行为，该模拟器以泄漏函数 $L=(L^{\text{Setup}}, L^{\text{Update}}, L^{\text{Search}})$ 作为输入。需要特别说明，由于 Buildindex 算法与 Update 算法只是在客户端存在差异，但是对于敌手 A

是相同的行为，所以两者的泄漏函数没有区别。然后，给出 Real 模型与 Ideal 模型的定义。

$\text{Real}_A(\lambda)$：首先运行 Setup 算法输出 EDB，敌手 A 执行搜索查询 sr(或者更新查询(op, in))，随后敌手 A 输出结果 $b\in\{0, 1\}$。

$\text{Ideal}_{A,S}(\lambda)$：模拟器 S 输入泄漏函数 L^{Setup}，敌手 A 进行搜索查询 sr(或者更新查询(op, in))，模拟器 S 输入泄漏函数 L^{Search} 或者 L^{Update} 作为回答，敌手 A 输出结果 $b\in\{0, 1\}$。

如果对于任何概率多项式敌手 A 存在高效模拟器 S 及输入 L，使得

$$|\Pr[\text{Real}_A(\lambda)=1]-\Pr[\text{Ideal}_{A,S}(\lambda)]|\leqslant \text{negl}(\lambda) \tag{11.1}$$

式中，negl(λ)是可以忽略的函数，则说明本章方案满足 L-自适应安全。

11.3.2　前向安全定义

对于任何敌手而言，前向安全保证了更新不会泄漏新添加的文档与之前搜索查询的匹配信息。更新泄漏函数：

$$L^{\text{Update}}(\text{op},\text{in})=L'(\text{op},\{(f_i,\mu_i)\}) \tag{11.2}$$

式中，$\{(f_i, \mu_i)\}$为一组发生过更改的关键字-文件标识符对，μ_i 为文档 f_i 包含的关键字数量，op 为具体更新操作。在本章中，泄漏函数可以写成以下形式

$$L^{\text{Update}}(\text{op},w,\text{bs})=L'(\text{op},\text{bs}) \tag{11.3}$$

式中，w 为更新过的关键字；bs 为新添加的字符串。

11.3.3　后向安全定义

后向安全保证了之前添加的文档被删除后，在添加之前的搜索和删除后的搜索不会泄露关于这篇文档的信息。文献[1]定义了三种不同级别的后向安全，从低到高分为 Type-Ⅲ、Type-Ⅱ和 Type-Ⅰ。

本章方案采用位图索引，达到了更强的后向安全 Type-Ⅰ⁻，下面给出 Type-Ⅰ⁻与 Type-Ⅰ 的区别。

Type-Ⅰ⁻：对于关键字 w 的两次搜索，只会泄露该关键字最终匹配文档结果，以及该关键字的更新次数和更新时间。

Type-Ⅰ：对于关键字 w 的两次搜索，除了泄露该关键字最终匹配文档结果和更新次数，还会泄露结果中文档的添加时间。

在正式定义 Type-Ⅰ⁻之前，需要构建一个新的泄漏函数 Time(w)。Time(w)是

匹配 w 文档的列表(不包含已删除的文档)，以及插入到数据库中的时间戳 t。对于一系列的更新查询 Q'，有

$$\text{Time}(w)=(t:[t,\text{op},(w,\text{bs})]\in Q') \tag{11.4}$$

如果搜索泄漏函数及更新泄漏函数可以写成式(11.5)，即满足 Type-I^-后向安全，那么 L'与 L''为两个无状态的函数[16-26]。

$$L^{\text{Update}}(\text{op},w,\text{bs})=L'(\text{op}),\quad L^{\text{Search}}(w)=L''[\text{sp}(w),\text{rp}(w),\text{Time}(w)] \tag{11.5}$$

式中，$\text{sp}(w)$为搜索模式且 $\text{sp}(w)=\{t:(t,\text{op})\in Q\}$，$Q$ 为一系列的搜索查询；$\text{rp}(w)=\text{bs}^*$为结果模式，bs^*为当前 w 匹配的所有文档标识符。

11.3.4　具体安全分析

定理 11.1　如果伪随机函数 F 是安全的，所有哈希函数具有抗碰撞性质，Π=(Setup, Enc, Dec, Add)是具有完美安全性的同态加法对称加密算法，则定义本章方案泄漏函数 $L=(L^{\text{Update}}, L^{\text{Search}})$，其中 $L^{\text{Update}}(\text{op}, w, \text{bs})=\perp$，$L^{\text{Search}}(w)=L''[\text{sp}(w), \text{rp}(w), \text{Time}(w)]$，那么本章方案满足自适应安全、前向安全及 Type-I^-后向安全的定义。

本章方案与文献[3]中的方案类似，由此给出以下安全分析，从 Real 到 Ideal 设置一系列游戏，每个游戏都与上个游戏有所不同，但是对于敌手 A 无法区分两个游戏，最后使用定理 11.1 中泄漏函数模拟 Ideal，从而敌手 A 无法区分 Real 和 Ideal。在游戏中敌手 A 会尝试破坏本章方案的安全，挑战者 C 负责生成搜索令牌及密文，模拟器 S 则从始至终模拟敌手 A 与挑战者 C 的交互。

游戏 G_0 与现实模型游戏 $\text{Real}_A(\lambda)$ 相同，所以有如下等式：

$$\Pr[\text{Real}_A(\lambda)=1]=\Pr[G_0=1] \tag{11.6}$$

在游戏 G_1 中，当查询使用 F 生成关键字 w 的密钥时，如果该密钥之前没有被搜索过，则挑战者 C 选择一个新的随机密钥返回给敌手 A，并保存在表 KeyL 中，否则返回 KeyL 表中关键字 w 对应的密钥。如果敌手 A 可以区分 G_0 与 G_1 的优势，则有

$$\Pr[G_0=1]-\Pr[G_1=1]\leqslant \text{Adv}_{F,A}^{\text{prf}}(\lambda) \tag{11.7}$$

在游戏 G_2 中，对于 Update 算法采用随机字符串作为索引指针 UT，并将其保存在表 UTL 中。随后在搜索算法中，将这些随机字符串处理为随机预言机 H_1 的输出，其中 $H_1(K_1, c)$=UTL[w, c]。当敌手 A 把(K_1, c)输入 H_1 进行查询时，挑战者 C 会输出 UTL[w, c]并保存在 HL 表中以应对接下来的查询。如果$(K_1, c+1)$已经

存在 HL 表中，那么就不会输出 UTL[w, c+1]且游戏中止。由于 UT 为挑战者 C 随机选择的字符串，敌手 A 可以猜测到正确的索引指针的概率为 $1/2^{\lambda}$，假设敌手 A 可以进行多项式 q 次查询，那么其概率为 $q/2^{\lambda}$，所以得出

$$\Pr[G_2 = 1] - \Pr[G_1 = 1] \leqslant q / 2^{\lambda} \tag{11.8}$$

在游戏 G_3 中，将哈希函数 H_2 也转化为随机预言机，由于 G_3 与 G_2 类似，可以得出

$$\Pr[G_3 = 1] - \Pr[G_2 = 1] \leqslant q / 2^{\lambda} \tag{11.9}$$

在游戏 G_4 中，同样将哈希函数 H_3 转化为随机预言机。由于敌手 A 不知道密钥 K_2，所以其猜测正确一次性密钥的概率为 $1/2^{\lambda}$。假设 A 可以进行多项式 q 次查询，那么其概率为 $q/2^{\lambda}$，所以得出

$$\Pr[G_4 = 1] - \Pr[G_3 = 1] \leqslant q / 2^{\lambda} \tag{11.10}$$

在游戏 G_5 中，使用一个全为 0 的字符串 bs*去代替字符串 bs，并且两者的长度相同均为 m。如果敌手 A 可以区分 G_5 与 G_4，则其获得的优势概率为

$$\Pr[G_4 = 1] - \Pr[G_5 = 1] \leqslant \mathrm{Adv}_{\Pi,A}^{\mathrm{PS}}(\lambda) \tag{11.11}$$

接下来，将使用模拟器 S 从敌手 A 的视角进行模拟，使用泄漏函数 sp(w)代替关键字 w。使用第一个时间戳 w^*←minsp(w)，并且移除对于敌手 A 没有影响的部分。从 Update 算法中可以明显看出，在 G_5 游戏中每次更新都会选取新的随机字符串。在 Search 算法中，S 会从当前的索引指针 UT 开始，并选取随机字符串作为之前的索引指针，然后通过 H_2 得出更新密文 CT，将 bs*转化为索引指针 UT，并将剩余所有 0 字符通过 H_3 转为剩下的一次性密钥。随后，将(w,i)映射到全局计数器 t 上，然后将索引指针表 UTL、更新密文表 CTL 及 Update 算法中随机选取的一次性密钥 sk，作为 Search 算法(w, i)对应的值。可以得出

$$\Pr[G_5 = 1] = \Pr[\mathrm{Ideal}_{A,S}(\lambda) = 1] \tag{11.12}$$

最后，通过以上分析，可以总结为如下等式：

$$\Pr[\mathrm{Real}_A(\lambda) = 1] - \Pr[\mathrm{Ideal}_{A,S}(\lambda) = 1] \leqslant \mathrm{Adv}_{F,A}^{\mathrm{prf}}(\lambda) + \mathrm{Adv}_{\Pi,A}^{\mathrm{PS}}(\lambda) + 3q / 2^{\lambda} \tag{11.13}$$

由于本章方案采用伪随机函数是安全的，哈希函数具有抗冲突性质且同态加法对称加密具有完美的安全性，所以敌手 A 能区分 Real 模型和 Ideal 模型的优势可以忽略，为函数 negl(λ)。综上所述，本章方案满足自适应安全及前向安全和后向安全的定义。证毕。

11.4 方 案 分 析

11.4.1 功能对比

将本章方案与文献[2]、[4]～[6]进行了功能上的对比，如表 11.1 所示。文献 [2] 达到了前向安全与后向安全，但是对于云服务器返回的结果并没有验证其正确性，并且无法保证云服务器是否如实地删除了之前状态的索引，是否将最终结果诚实地记录在最新状态下。文献[4]支持对结果正确性的验证，但是其安全性仅支持前向安全，每次更新状态只对应一个关键字-文档标识符对，造成了很大的存储及计算开销。

表 11.1　功能对比

方案	区块链系统	前向安全	后向安全	结果验证	恶意用户验证
文献[2]	否	是	是	否	否
文献[4]	否	是	否	是	否
文献[5]	是	是	否	是	是
文献[6]	是	是	否	是	是
本章方案	是	是	是	是	是

文献[5]和[6]均是基于区块链平台，将搜索过程与验证过程进行分离，达到了对恶意用户和云服务器的双向验证，但是两者均不支持后向安全。文献[5]中的方案，只给出了增加文档的具体算法，对于删除操作并没有进行详细说明。文献[6]方案中的删除算法需要在搜索算法执行之后才能进行，所以可能导致最后结果中包含已经删除的文档，使其变成了错误结果。

从功能上说，本章方案实现了前向安全与后向安全，对于用户与云服务器进行了双向验证，保证了整个方案的诚实执行。将最终结果保存在区块链中，获取结果后用户在本地进行解密，保证了删除文档不会被搜索。本章方案在提高安全性同时减少了用户本地的计算存储开销，提高了云服务器的搜索及更新效率。

11.4.2 实验分析对比

本方案实验环境为 64bit Windows 操作系统，处理器为 Intel Core i5-4570，CPU 主频为 3.2GHz，内存为 16GB。本章使用 Enron Email 数据集作为原始数据集，提取出子集作为测试数据集。实验中智能合约使用 Solidity 语言，与智能合约交互语言为 Python 语言。加密算法基于 SHA-256 构建，MAC 生成算法与伪随机函数均采用 HMAC-SHA256。最后将智能合约部署到 Ganache 网络，在不同参数下进行性能测试。由于文献[2]和[4]的方案并非是基于区块链构建的方案，且不能对用户和云服务器进行双向验证，所以将本章方案与文献[5]和[6]的方案分别在构建索引时间开销、搜索时间开销、验证时间开销及更新时间开销四个方面进行了性能对比。

1. 构建索引时间开销对比

如图 11.4 所示，在构建索引时间方面，随着关键字数量的增加，构建索引时间呈现线性增长趋势。但是本章方案的索引构建时间远小于其他方案，主要因为文献[5]和[6]需要对每个关键字-文档标识符对进行加密操作，随后将该关键字对应的所有文档标识符密文进行连接处理，而本章方案只需要对关键字对应的位图索引字符串进行加密即可，减少了计算开销。

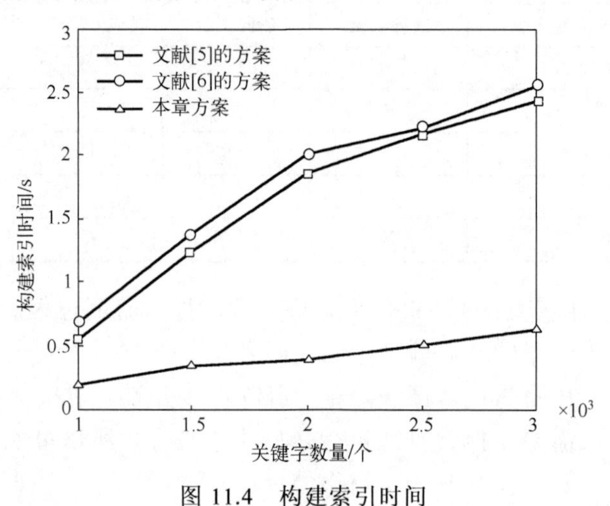

图 11.4　构建索引时间

2. 搜索时间开销对比

对于搜索方面的性能对比，将关键字涉及的更新次数设置为参数，即在不同方案中关键字 w 取相同的更新次数，每次更新的关键字-文档标识符对数量也相同。如图 11.5 所示，本章方案的搜索时间成本低于其他方案，主要原因在于本章方案的搜索时间与更新次数呈线性相关，每次搜索过程中只需对位图索引进行匹配即可，而其他方案则需要对关键字 w 涉及的所有加密数据进行匹配。并且，由于本章方案会将验证通过后的位图索引加密结果记录在区块链中，客户端可以直接对其进行搜索，减少了重复验证的过程，进而提高了搜索效率。

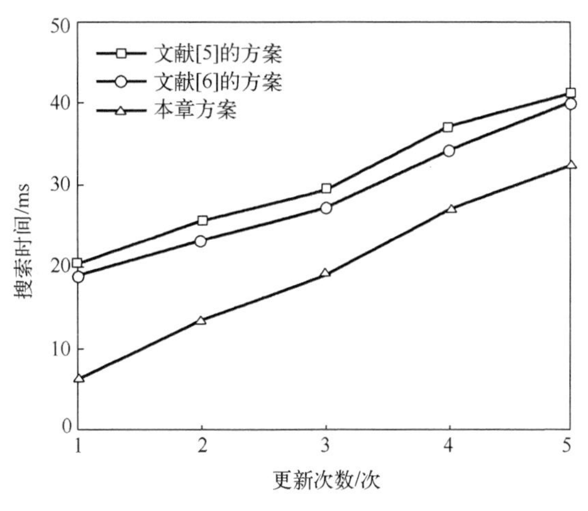

图 11.5　搜索时间开销比较图

3. 验证时间开销对比

如图 11.6 所示，验证时间随着更新次数的增加而增加。本章方案在进行验证时，只需要对返回的加密字符串进行哈希运算即可，而其他方案需要对所有文档标识符进行哈希计算，导致了大量的计算开销。最后区块链需要将加密字符串进行加法，从而得到最终的加密结果。虽然在一定程度上影响了本章方案的验证时间，但是对比其他方案仍具有一定优势。

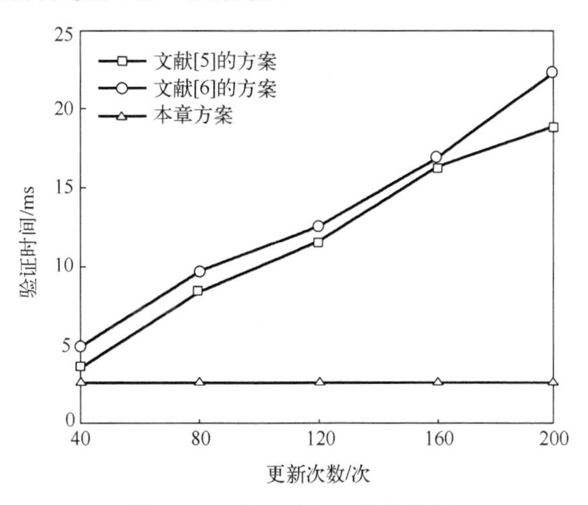

图 11.6　验证时间开销比较图

4. 更新时间开销对比

对于更新方面，我们以关键字 w 一次更新涉及的文档数量为参数，即不同方案在更新中涉及的关键字-文档标识符数量相同。如图 11.7 所示，文献[5]和[6]中方案的更新时间随着文档数量的增加而增加，造成这种现象的主要原因在于这两个方案的索引采用链式结构，在更新过程中，需要对每个文档标识符重复加密两次，并且为了最后可以对其进行验证，还需要对每个文档标识符进行哈希运算。而本章方案由于其特殊的索引构造，在每次更新过程中只需要对索引进行一次加密和哈希运算即可，与文档标识符数量无关，导致更新时间不会发生剧烈变化，且更新时间低于其他方案。

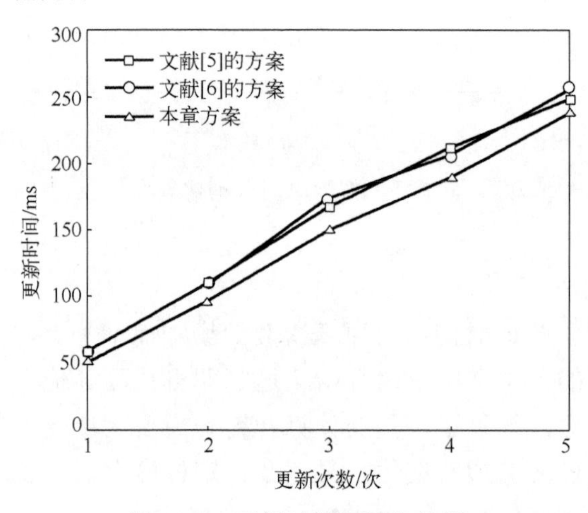

图 11.7　更新时间开销比较图

11.5　本 章 小 结

本章方案将区块链与可搜索加密技术进行结合，提出了一种双向验证的动态密文检索方案。本章方案主要应用于需要确保数据绝对安全的私有云环境，如机密机构的数据库。由于一个位图索引可以表示多个文件标识符，减少了关键字对应的加密数据，提高了搜索及更新效率，并使用同态加法对称加密技术，实现了云服务器对数据的安全更新。将验证过程交由区块链去处理，实现了对用户与云服务器的双向验证，保证了结果不可否认。同时针对方案中构建索引时间开销、搜索时间开销、验证时间开销及更新时间开销四个方面进行了实验测试，测试结果显示本章方案具有较高的效率。

接下来的工作将会针对可搜索加密如何在区块链环境下，实现一对多用户模型下双向验证工作，并且安全地实现数据拥有者对数据用户的访问控制。

参 考 文 献

[1] Bost R, Minaud B, Ohrimenko O. Forward and backward private searchable encryption from constrained cryptographic primitives[C]. Proceedings of the 2017 ACM SIGSAC Conference on Computer and Communications Security, Dallas, 2017: 1465-1482.

[2] Zuo C, Sun S F, Liu J K, et al. Dynamic searchable symmetric encryption with forward and stronger backward privacy[C]. European Symposium on Research in Computer Security, Darmstadt, 2019: 283-303.

[3] Hoang V H, Lehtihet E, Ghamri-Doudane Y. Privacy-preserving blockchain-based data sharing platform for decentralized storage systems[C]. IFIP Networking Conference, New York, 2020: 280-288.

[4] Zhang Z, Wang J, Wang Y, et al. Towards efficient verifiable forward secure searchable symmetric encryption[C]. European Symposium on Research in Computer Security, Darmstadt, 2019: 304-321.

[5] Li M, Jia C, Shao W. Blockchain based multi-keyword similarity search scheme over encrypted data[C]. International Conference on Security and Privacy in Communication Systems, Cham, 2020: 350-371.

[6] Guo Y, Zhang C, Jia X. Verifiable and forward-secure encrypted search using blockchain techniques[C]. IEEE International Conference on Communications, Dubin, 2020: 1-7.

[7] Song D X, Wagner D, Perrig A. Practical techniques for searches on encrypted data[C]. Proceedings of IEEE Symposium on Security and Privacy, Berkeley, 2000: 44-55.

[8] Goh E J. Secure indexes[R/OL]. [2019-01-28]. http://crypto.stanford.edu./~eujin/papers/secureindex/.

[9] Curtmola R, Garay J, Kamara S, et al. Searchable symmetric encryption: Improved definitions and efficient constructions[J]. Journal of Computer Security, 2011, 19(5): 895-934.

[10] Kamara S, Papamanthou C, Roeder T. Dynamic searchable symmetric encryption[C]. Proceedings of the ACM Conference on Computer and Communications Security, New York, 2012: 965-976.

[11] Stefanov E, Papamanthou C, Shi E. Practical dynamic searchable encryption with small leakage[C]. Proceedings of Network and Distributed System Security Symposium, San Diego, 2014: 72-75.

[12] Sophos B. Forward secure searchable encryption[C]. Proceedings of the ACM SIGSAC Conference on Computer and Communications Security, Vienna, 2016: 1143-1154.

[13] Sun S F, Yuan X, Liu J K, et al. Practical backward-secure searchable encryption from symmetric puncturable encryption[C]. Proceedings of the ACM SIGSAC Conference on Computer and Communications Security, Toronto, 2018: 763-780.

[14] Ghareh C J, Papadopoulos D, Papamanthou C, et al. New constructions for forward and backward private symmetric searchable encryption[C]. Proceedings of the ACM SIGSAC Conference on Computer and Communications Security, Toronto, 2018: 1038-1055.

[15] Vo V, Lai S, Yuan X, et al. Accelerating forward and backward private searchable encryption using trusted execution[J]. arXiv preprint arXiv: 2001. 03743, 2020.

[16] He K, Chen J, Zhou Q, et al. Secure dynamic searchable symmetric encryption with constant client storage cost[J]. IEEE Transactions on Information Forensics and Security, 2020, 16: 1538-1549.

[17] Demertzis I, Chamani J G, Papadopoulos D, et al. Dynamic searchable encryption with small client storage[C]. Proceedings of Network and Distributed System Security Symposium, Hong Kong, 2019.

[18] Zuo C, Sun S, Liu J K, et al. Forward and backward private DSSE for range queries[J]. IEEE Transactions on Dependable and Secure Computing, 2020, 99: 1.

[19] Chai Q, Gong G. Verifiable symmetric searchable encryption for semi-honest-but-curious cloud servers[C]. IEEE International Conference on Communications, Ottawa, 2012: 917-922.

[20] Soleimanian A, Khazaei S. Publicly verifiable searchable symmetric encryption based on efficient cryptographic components[J]. Designs, Codes and Cryptography, 2019, 87(1): 123-147.

[21] Liang Y, Li Y, Cao Q, et al. VPAMS: Verifiable and practical attribute-based multi-keyword search over encrypted cloud data[J]. Journal of Systems Architecture, 2020, 108: 101741.

[22] Tong Q, Miao Y, Liu X, et al. VPSL: Verifiable privacy-preserving data search for cloud-assisted internet of things[J]. IEEE Transactions on Cloud Computing, 2020, 99: 1-14.

[23] Miao Y, Tong Q, Deng R, et al. Verifiable searchable encryption framework against insider keyword-guessing attack in cloud storage[J]. IEEE Transactions on Cloud Computing, 2020, 10(2): 835-848.

[24] Yang W, Zhu Y. A verifiable semantic searching scheme by optimal matching over encrypted data in public cloud[J]. IEEE Transactions on Information Forensics and Security, 2020, 16: 100-115.

[25] Shamshad S, Mahmood K, Kumari S, et al. A secure blockchain-based e-health records storage and sharing scheme[J]. Journal of Information Security and Applications, 2020, 55: 102590.

[26] Zhang Q, Li Y, Wang R, et al. Data security sharing model based on privacy protection for blockchain-enabled industrial internet of things[J]. International Journal of Intelligent Systems, 2021, 36(1): 94-111.

第 12 章　基于第三方监管机构的可信云服务评估

服务作为依托于云计算平台的新型网络服务已得到广泛应用，其外包服务模式下的安全风险及随用随付(pay-as-you-go)模式下带来的欺诈性行为也引起了用户对云服务信任的问题，云服务可信性的高低已经成为用户是否向云端迁移数据的基础。

针对目前云服务复杂的情况，结合云服务特征，本章提出一种基于第三方监管双向信任的可控云计算平台安全监管服务评估模型 QCS，引入体验偏好，根据层次化评价、模糊数学综合评判决策为用户筛选、推荐出既可信又符合用户体验的云服务，同时保证整个云计算平台的安全。实验表明，该模型可以有效地提高交易成功率及用户整体满意程度，对恶意实体的欺诈行为具有一定的抵御能力[1-5]。

12.1　整 体 结 构

12.1.1　基于第三方监管机构的可信云服务评估模型

本节针对当前云计算环境下信任缺失、个性化需求服务选择方法研究中存在的不足，结合信任评估机制、模糊数学综合评判模型，采取体验偏好双向信任管理的方法提出一种基于第三方监管的可信云服务评估模型，如图 12.1 所示，本模型通过云服务选择模块和综合评估聚合模块来进行可信云服务的选取与推荐，通过第三方信任监管认证来保障信任度[6-10]。

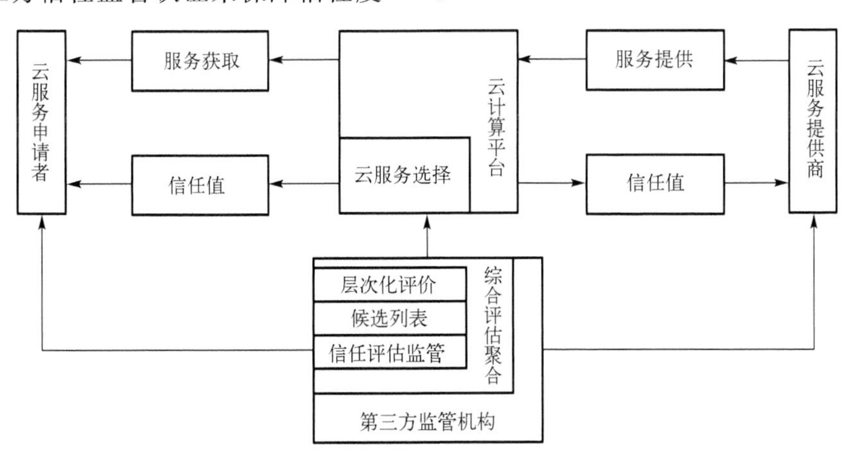

图 12.1　基于第三方监管机构的可信云服务评估结构

12.1.2 层次化评价云服务实体

随着云计算“一切皆服务”的趋势，可信云服务已经成为云计算的核心概念。pay-as-you-go 模式即按需使用、按量付费的云计算模式让云服务使用费用与用户的具体使用情况挂钩，云服务的属性主要分成两种：功能性属性和非功能性属性。而作为云服务的提供商，某些商家在商业利益的驱使下会出现为了自身利益而做出对服务属性造假的行为，这就造成了用户与提供商之间的信任危机[11-14]。

层次化分析法是一种解决多指标综合性问题的经典方法，层次化分析法结合定性和定量方法把多属性的复杂问题通过层次化的方式分解为相互关联的组成因素，通过因素间的隶属关系获得一个递阶的层次结构。针对云服务环境的层次化评价层次结构如图 12.2 所示。

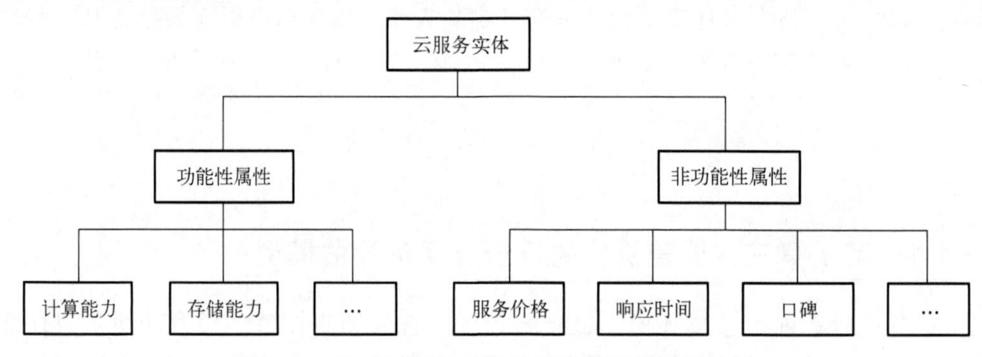

图 12.2 针对云服务环境的层次化评价层次结构

建立层次结构后可以通过判断矩阵获得因素的权重值，如功能性属性层下的各因素 $p_1, p_2, \cdots, p_n$，对上一层因素的相对权重可以通过使用两两比较法得到相关的权重矩阵：$Q=(q_{ij})_{n\times n}$，其中 q_{ij} 的取值如表 12.1 所示。各个等级之间也可以用 2, 4, 6, 8 或者它们的倒数将其量化，判断矩阵需满足：

$$q_{ij}=1,\quad q_{ij}=\frac{1}{q_{ji}},\quad i,j=1,2,\cdots,n$$

表 12.1 因素权重表

p_i 比 p_j	q_{ij}
相同	1
稍强	3
强	5
很强	7
绝对强	9
稍弱	1/3
弱	1/5
很弱	1/7
绝对弱	1/9

因素权重 W 可以通过矩阵 Q 的特征方程 $QW=\lambda_{\max}W$ 解出相应的 W，然后进行归一化处理。由于客观事物的复杂性，人们的评价和认识总是带有比较强的主观性甚至是片面的，这就需要进行一致性检验。本章将一致性指标记为 C，其中：

$$C = \frac{\lambda_{\max} - n}{n - 1}$$

当 C 越大时，整个矩阵的不一致性就越严重，这就需要定义一个随机一致性指标 C_R 来约束 C 的最大值，若 $\bar{\lambda}_{\max}$ 为多个 n 阶正互反最大特征值的平均值，则

$$R = \frac{\lambda_{\max} - n}{n - 1}$$

$$C_R = \frac{C}{R}$$

为了保证层次化评价的判断矩阵的一致性，需要 $C_R \leqslant 0.1$，否则需要调整矩阵。

计算云服务实体整体被层次化评价后的各因素对于云服务实体的相对重要性权重需要进行层次总排序，若某一层的 m 个元素权重值为 a_i，它的下一层 n 个属性的权重为 b_{ij}，则对于 a_i 来说它对应的上一层中属性的权重为

$$c_j = \sum_{i=1}^{m} a_i b_{ij}$$

这样就可以通过层次化评价来衡量云服务实体的属性权重，从而从用户实际的体验需求出发给予用户有针对性的云服务。

12.1.3　综合评估聚合

综合评估聚合模块会根据第三方监管机构提供的符合功能性属性的候选云服务列表 $S_{\text{available}}$，聚合从云服务选择模块收到的 $C=\{c_1, c_2, \cdots, c_n\}$ 和从第三方监管机构收到的历史记录，借助模糊数学综合评判，最终计算出得分生成候选列表 S_{selected}，以供云服务申请者选择。

通过用户需求集 C，结合层次化评价取得判断矩阵 $Q = (q_{ij})_{n\times n}$，再利用判断矩阵的特征方程 $QW= \lambda_{\max} W$ 进行一致性检测，若通过一致性检测：

$$C_R = \frac{\lambda_{\max} - n}{\bar{\lambda}_{\max} - n} \leqslant 0.1$$

式中，$\bar{\lambda}_{\max}$ 为多个 n 阶正互反最大特征值的平均值，则计算出满足用户体验的权重 $W=(w_1, w_2, \cdots, w_n)$，$w_i \geqslant 0$，最后进行归一化处理，可得 $\sum w_i = 1$。

结合模糊映射关系

$$R_f(S_i, C_j) = f(s_i)(c_j) = r_{ij}$$

构造列表 S 到 C 的模糊关系矩阵

$$R_{S\to C}=(r_{ij})_{m\times n}=\begin{bmatrix} r_{11} & \cdots & r_{1n} \\ \vdots & & \vdots \\ r_{m1} & \cdots & r_{mn} \end{bmatrix}$$

一般对 r_{ij} 进行归一化处理，满足 $\sum_{j=1}^{n} r_{ij}=1$。

最后进行综合评估聚合，聚合结果 Z 用模糊算子表示：

$$Z=W\circ R_{S\to C}$$

式中，$\circ$ 为模糊算子符号。进行归一化处理，满足 $\sum z_i=1$，$1\leqslant i\leqslant n$，采用加权平均法将 Z 转化为精确值 S_i。

利用用户反馈度量 S_i 和时间衰减函数进行计算：

$$F(S_i,\xi,t_k)=\sum_{t=1}^{n} S_i f(t_k)\varphi_q^{t_k}$$

得到最终结果 $F(S_i,\xi,t_k)$，通过结果 $F(S_i,\xi,t_k)$ 得出候选列表 F_{selected}，将列表呈现给用户选择交易。

12.2　第三方监管认证策略

由于云计算的环境和云服务自身的特点，大部分用户在使用云服务时往往是秉持着怀疑的态度，即认为云服务提供商及其提供的云服务基本会诚实服务，但是仍然不能完全信任，需要谨慎地获取服务和提交数据。可以说，用户对于平台是一种有条件的信任，用户无法确定云服务平台是否有足够的能力来保障整个系统的安全，维护用户的利益不被侵犯，甚至也无法确定作为云服务的提供商，其自身是否会对数据产生威胁，即一种“提供商即威胁”的思想。

同时，有些用户并不实际和客观的评价也会对云服务提供商产生不好的影响，云服务平台也常常不能预防别有用心的恶意用户对于自身的冲击，刷单、友商恶意评价、刷排行榜等行为也对云服务平台及其提供商产生威胁。随着云计算的发展，采用具有资质的可信第三方监管机构对云服务的质量监管将成为云服务评价的主要标准之一，一个服务提供者和服务申请者都信任的可信第三方监管机构既可以对服务提供者的云服务进行检验验证，同时也能对恶意用户进行筛选，从而能形成统一的信任管理。

12.2.1　对于云服务提供者的信任监管

本章中的第三方监管机构会定期收到云服务提供商的自身云服务属性并对其

进行基准测试，并且第三方监管机构是可信的，基准测试所提供的服务是一个受信任的第三方监管机构设计测试场景的各种常见的云服务(如性能方面、可用性、弹性、服务响应时间和成本)标准基准套件。此外，一些特定的测试可以根据潜在云消费者的需求来设计和运行，如测试加密计算的速度。将云服务提供商声称的属性表示为 $S=\{s_1, s_2, \cdots, s_n\}$，在被要求提供符合云服务申请者要求的功能性属性云服务时会向聚合模块发送候选列表 $S_{\text{available}}$ 与云服务实体在时刻 t_k 宣称能提供的服务属性度量 $Q_{s_i}^{tk}$。

每次交易结束时，云服务申请者都可以提交自身对于云服务及其提供商的使用体验到第三方监管机构。对于每个云服务的性能方面，申请者根据它的实际使用体验，给出其自身的主观评价，第三方监管机构会记录云服务及其提供者的历史信任值以供评估使用。

为保证时效性，本章将交易时间用时间轴表示，距离用户交易越近的交易评价对于整体评估的影响越大，反之越小。t 表示当前交易的时刻，t_k 为第 k 次交易的时刻，则时间衰减函数为

$$f(t_k) = \mathrm{e}^{-\frac{t-t_k}{t}}$$

时间衰减函数取值如表 12.2 所示。

表 12.2　时间衰减函数取值(t=5)

t_k	$f(t_k)$
5	0.673
4	0.552
3	0.506
2	0.458
1	0.416

用户将云服务提供商提供给自己的云服务实际使用和体验效果与云服务提供商声称的服务属性进行对比，根据两者的差值计算满意度。用 $\xi(c_i, s_i, t_k)$ 表示自身需求为 c_i 的用户对于服务属性 s_i 在时刻 t_k 的云服务的满意程度。

$$\xi(c_i, s_i, t_k) = \sum_{t=1}^{n} w_t f(t_k) \varphi_q^{t_k}$$

式中，$\varphi_q^{t_k}$ 表示在时刻 t_k，用户实际需求 c_i 与云服务提供商提供的服务属性 s_i 的契合程度。

$$\varphi_q^{t_k} = \begin{cases} 1, & Z_{c_i \to s_i}^{t_k} - Q_{s_i}^{t_k} \geqslant 0 \\ \gamma^{\left|Z_{c_i \to s_i}^{t_k} - Q_{s_i}^{t_k}\right|}, & Z_{c_i \to s_i}^{t_k} - Q_{s_i}^{t_k} < 0 \end{cases}$$

式中，$Z_{c_i \to s_i}^{t_k}$ 表示在时刻 t_k，用户需求与云服务属性模糊数学综合评价结果；$Q_{s_i}^{t_k}$ 表示云服务实体在时刻 t_k 宣称能提供的服务属性度量；$Z_{c_i \to s_i}^{t_k} - Q_{s_i}^{t_k} \geqslant 0$ 时表示云服务属性符合用户实际体验需求，$Z_{c_i \to s_i}^{t_k} - Q_{s_i}^{t_k} < 0$ 时表示云服务提供商实际提供的服务

与用户体验需求有偏差，偏差越大，$\left|Z_{c_i \to s_i}^{t_k} - Q_{s_i}^{t_k}\right|$越大，$\gamma^{\left|Z_{c_i \to s_i}^{t_k} - Q_{s_i}^{t_k}\right|}$（$0<\gamma<1$）就越小，契合程度$\varphi_q^{t_k}$就越小。我们认为总是符合用户预期体验需求、总是按照用户预期进行的云服务即契合程度$\varphi_q^{t_k}$越高的云服务及其提供商是可信的，对于信任值高的云服务及其提供商，第三方监管机构可以进行第三方认证，让用户能更直观地了解和申请交易，一定程度上打消用户对于云服务提供商的怀疑。

12.2.2 对于云服务申请者的信任监管

本章的第三方监管机构应当是双向的信任监督，不仅对云计算平台和云服务及其提供商进行信任监督，还需要对用户进行监管。随着云平台交易量的增多，有些云服务申请者的评价往往过于主观，从而产生很多失实的评价，有些申请者因为一些非服务本身的原因而给差评，甚至有些别有用心的申请者就是抱着恶意的目的，因为这部分申请者而影响云平台及云服务提供者的信任值是不合理的，在云服务提供商受到这些申请者影响时，其可以向第三方监管机构提交恶意用户报告。

可以采用模糊评判的方法，第三方监管机构的评价可以考虑多种因素，可以定义申请者信任评价因素集$U^c=\{u_1, u_2, \cdots, u_n\}$，如数据量、额外申请、被报告次数，对用户的评价集$V^c=\{v_1, v_2, \cdots, v_n\}$，如恶意、临界、一般、正常。权重向量$W$表示各个平台对于用户每种信任评价因素的侧重程度不同，$W=(w_1, w_2,\cdots, w_n)$，$w_i \geqslant 0$，最后进行归一化处理，$\sum w_i =1$。

结合模糊映射关系：

$$R_f(U_i^c, V_j^c) = f(u_i)(v_i) = r_{ij}$$

构造云服务申请者信任评价的模糊关系矩阵：

$$R_{U^c \to V^c} = (r_{ij})_{m \times n} = \begin{bmatrix} r_{11} & \cdots & r_{1n} \\ \vdots & & \vdots \\ r_{m1} & \cdots & r_{mn} \end{bmatrix}$$

一般对r_{ij}进行归一化处理，满足$\sum_{j=1}^{n} r_{ij} = 1$。

最后进行综合评估聚合，聚合结果向量Z用模糊算子表示

$$Z = W \circ R_{U^c \to V^c}$$

式中，$\circ$为模糊算子符号。进行归一化处理，满足$\sum z_i =1$，$1 \leqslant i \leqslant n$，采用加权平均法将$Z$转化为精确值$S_n^c$，结合时间衰减函数，越是近期频繁被云平台或云服务提供商恶意报告的申请者对于自身的信任评价影响越大，通过

$$F(S_n,t_k)=\sum_{t=1}^{n}S_n^c f(t_k)$$

得到云服务申请者的信任评价。

第三方监管机构会通过云平台和云服务提供者的报告与评价权重来对云服务申请者进行信任评价，对在相同时间段内总是对相同的云服务做出和其他申请者不同云服务评价的或者被多个不同的云服务提供商举报恶意行为的云服务申请者进行标记与惩罚，阻止其优先获得云资源，严重的可以提示云计算平台进行封杀。

12.2.3　基于第三方监管机构的服务评估步骤

基于第三方监管机构的服务评估步骤流程如图 12.3 所示。

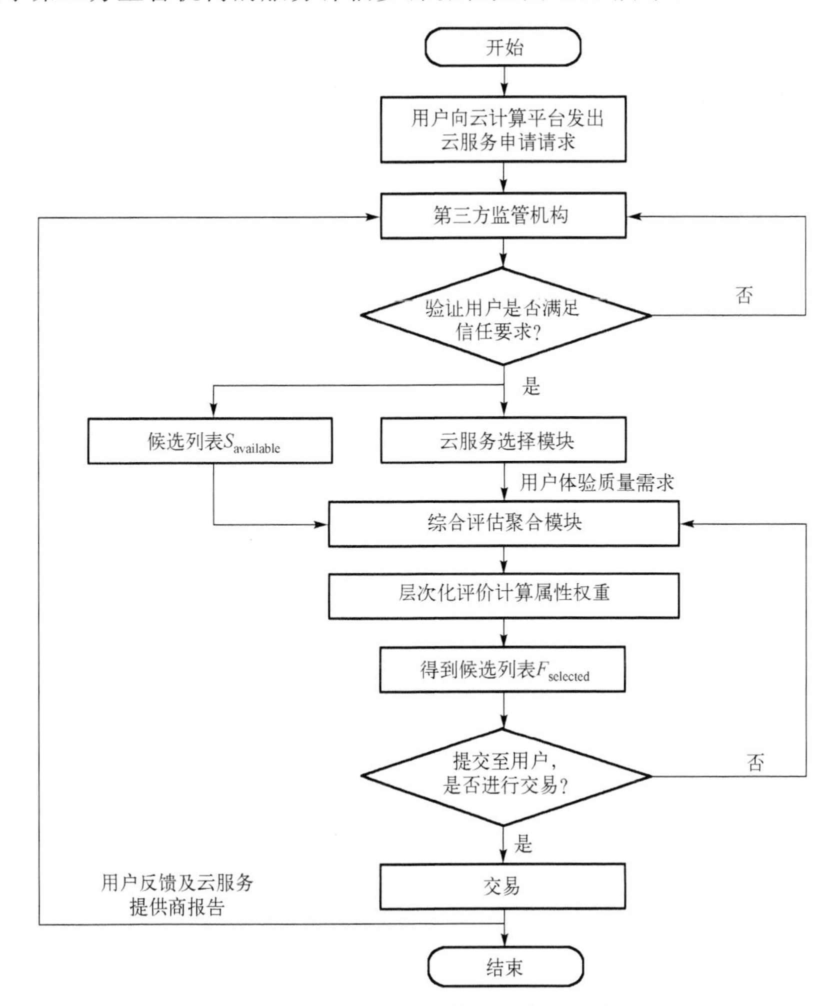

图 12.3　基于第三方监管机构的服务评估步骤流程

(1) 云服务申请者实体欲获得某种云服务，根据自身需求发起云服务申请。

(2) 云服务申请者通过第三方监管机构的信任认证，云计算平台受理申请，取得申请者需求集 C，之后第三方监管机构发送符合申请者要求的云服务实体的候选列表 $S_{\text{available}}$，发送至综合评估聚合模块，综合评估聚合模块接收到 $S_{\text{available}}$ 后获得云服务提供商声称属性 $S=\{s_1, s_2,\cdots, s_n\}$，如果云服务申请者未通对第三方监管机构的信任认证则被拒绝服务。

(3) 第三方监管机构检测列表中的云服务实体或者提供这个云服务实体的云服务提供商是否有信任记录，如果拥有，则将取得的历史信任值提交给综合评估聚合模块。

(4) 综合评估聚合模块汇总取得的信息，通过用户需求集 C，结合层次化评价获得判断矩阵 $Q(q_{ij})_{n\times n}$，利用判断矩阵的特征方程 $QW=\lambda_{\max}W$ 计算出满足用户体验的权重 $W=(w_1,w_2,\cdots,w_n)$，$w_i\geqslant 0$，最后进行归一化处理，$\sum w_i=1$。

(5) 综合评估聚合模块构造列表 $S_{\text{available}}$ 中实体从 S 到 C 的模糊关系矩阵 $R_{S\to C}$，对权重向量 W、矩阵 $R_{S\to C}$、信任评价和时间衰减函数进行综合聚合，得到结果 $F(S_i,\xi,t_k)$，获得候选列表 F_{selected}，择优提交给云服务申请者。

(6) 若云服务申请者同意交易，则让双方进行交易。交易结束后，根据计算自身需求为 c_i 的用户对服务属性 s_i 在时刻 t_k 的云服务的满意程度 $\xi(c_i,s_i,t_k)$ 和云服务提供商给出的关于云服务申请者的报告，第三方监管机构更新双向信任评价，供以后使用。

(7) 若云服务申请者不同意交易，则重复步骤(4)与步骤(5)，重新进行权重评估和云服务推荐。

12.3　实 验 例 证

为了验证本章提出的云服务评估方法，模拟生成 1 组云服务资源，利用拥有 1.7 万个评价与选择数据的 Netflix 数据集，对云环境下的服务评估与选择进行仿真实验，选取了 4 个评判因素：计算能力、存储能力、价格和响应时间，同样选取了 4 个评判结果，即恶意、临界、一般和正常。利用开源云服务 OwnCloud，采用 Java 语言进行实验验证，仿真实验参数说明如表 12.3 所示。

表 12.3　仿真实验参数说明

参数	参数说明	描述
N_c	云服务申请者	100
N_s	云服务提供者	300
T_{str}	初始信任值	0.5
U	评判因素集	4
V	评判集	4
w_i	体验需求权重	$0\leqslant i\leqslant 1, \sum w_i=1$
t_k	时间衰减因子	$f(t_k)$
$\varphi_q^{t_i}$	初始契合程度	0

12.3.1　可信云服务评估与选择有效性验证

为了进行比较，本节选取了 3 种不同的可信云服务评估与推荐方法，如本章提出的基于第三方监管的可信云服务评估方法 QCS、基于信任的云服务评估(trust cloud service summit，TCS)方法、传统的随机云服务推荐(random cloud service recommendation method，RCS)方法。

RCS 方法不考虑信任属性，在能满足云服务申请者功能性需求的基础上随机推荐云服务及其提供商给云服务申请者。

TCS 方法是在 RCS 方法上加入了信任值的概念，平台会在满足申请者功能性需求的云服务列表中推荐信任值较高的云服务及其提供商给云服务申请者。

QCS 方法在能满足云服务申请者功能性需求及非功能性需求的云服务列表中，通过第三方监管信任评估，推荐云服务及其提供商给云服务申请者。

本次实验在没有恶意实体的环境下进行，其中 $\varphi_q^{t_k} \in [0.7,1)$ 表示在时刻 t_k，用户实际需求与云服务提供商提供的服务属性的契合程度，我们认为总是符合用户预期体验需求、总是按照用户预期进行的云服务即契合程度越高的云服务及其提供商是可信的。当 $\varphi_q^{t_k} \in [0.7,1)$ 时，表示云服务申请者满意，随着交易次数的增加，3 种不同的方法的云服务申请者平均满意度如图 12.4 所示。

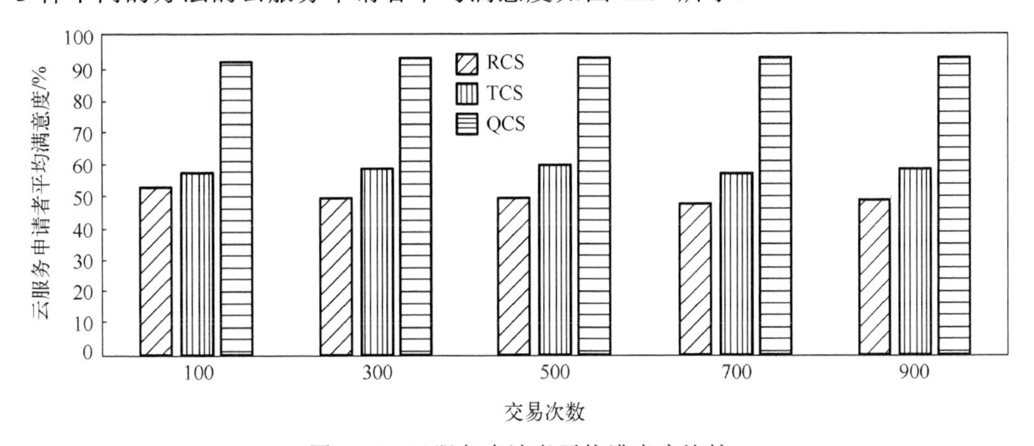

图 12.4　云服务申请者平均满意度比较

通过实验可以看出，在没有恶意实体的环境下，RCS 由于是在符合条件的列表中随机选择并没有考虑信任属性和云服务申请者非功能性需求的问题，故平均满意程度并不理想；而 TCS 在考虑信任属性的前提下能对云服务及其提供商进行简单的筛选，对提高云服务申请者平均满意程度有一定的帮助；本章提出的 QCS，引入第三方信任监管机构进行双向信任监管，在满足云服务申请者功能性需求的前提下还能评估云服务，使其能满足申请者的非功能性需求，大大提高了云服务申请者平均满意程度，整体信任评价也符合实体行为。

12.3.2　交易成功率对比实验

云服务提供商是云计算平台云服务的提供者，不能正常推荐和筛选提供商的云计算平台，无法获得云服务申请者的绝对信任。可信的云服务提供商的信任值为[0.6, 1]，一般可信的云服务提供商的信任值为[0.4, 0.6)，临界可信的云服务提供商信任值为[0.2, 0.4)，信任值为[0, 0.2)表示恶意的云服务提供商。该实验旨在测试在恶意云服务提供商的情况下，比较 QCS、TCS、RCS 这 3 种方法的云服务交易成功率(图 12.5)。

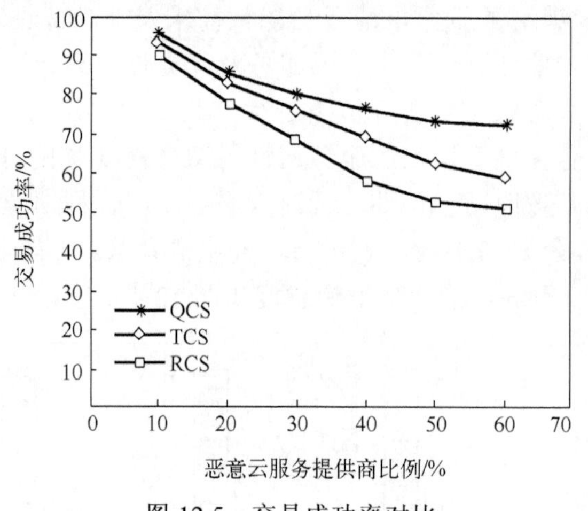

图 12.5　交易成功率对比

通过对比可以看出，在交易的过程中，随着恶意云服务提供商比例的升高，所有方法的交易成功率都在下降，但是 QCS 方法的交易成功率明显高于其他两种；QCS 与 TCS 相比，QCS 考虑了申请者的体验需求偏好，并且结合第三方监管机构能对恶意提供商进行有效的排查，TCS 在考虑信任值的基础上也比传统不考虑信任属性的 RCS 拥有更高的交易成功率。

由此可知，QCS 可以更好地抵制恶意云服务提供商的影响，同时有效地提高云计算平台的交易成功率。

12.3.3　对恶意用户影响的抵抗

第三方监管的加入使云计算平台也可以对其自身的云服务申请者进行信任管理，该实验旨在测试存在恶意申请者的情况下，拥有申请者信任认证(applicant trust certification，TTr)的云计算平台和没有申请者信任认证(no applicant trust certification，NTTr)的云计算平台交易成功率的变化。

初始信任值设置为 0.5,随机选择 5%和 40%的恶意申请者,实验结果如图 12.6 所示。

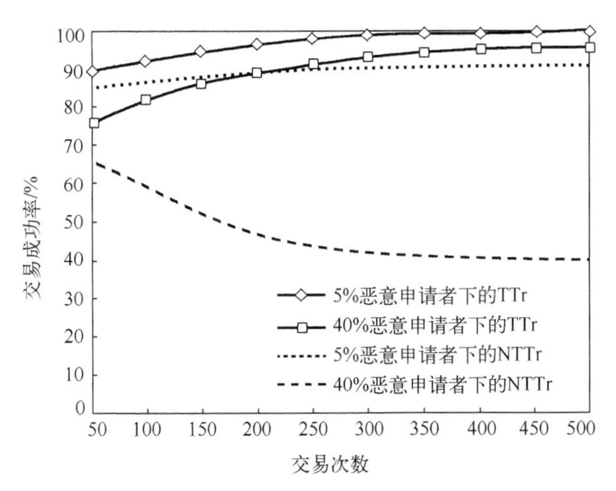

图 12.6　对恶意申请者影响的抑制

恶意申请者的存在会对整个云计算平台造成不利的影响，实验显示，随着交易次数的增加,TTr 云计算平台在 5%和 40%恶意申请者的情况下交易成功率并没有受到太大的影响，40%恶意申请者的初始交易成功率虽然低一些，但是因为第三方信任监管机构和申请者信任认证的存在，使云计算平台能及时地收到对于恶意申请者的提醒，从而进行惩罚甚至封杀，对恶意申请者起到了抑制作用，之后交易成功率上升至预期水平。但在 NTTr 云计算平台，由于没有对于申请者进行信任监管，恶意申请者越多，对于整个平台及服务提供商的影响越大，交易成功率也就越低，5%恶意申请者的环境中由于恶意实体较少，NTTr 平台受到的影响还不是非常明显，但当存在 40%恶意申请者的环境下 NTTr 的交易成功率快速下降，由于没有对于恶意实体的抑制机制，整个平台的成功率下降到 40%左右。实验证明，加入第三方信任监管对于恶意申请者实体的影响有良好的抑制作用。

12.4　本 章 小 结

针对目前云服务的现状，结合云服务特征，本章提出一种基于第三方监管机构双向信任的可控云计算平台安全监管服务评估模型，引入体验偏好，根据层次化评价、模糊数学综合评判决策，为用户筛选、推荐出既可信又符合用户体验的云服务，同时对于恶意用户也能有效地抑制以保证整个云计算平台的安全，从而提高了整个云计算平台的可靠程度。通过实验数据证明该模型能够以更安全、可靠的方式向用户提供灵活的可信云服务。

参考文献

[1] Armbrust M, Fox A, Griffith R, et al. A view of cloud, computing[J]. Communications of the ACM, 2010, 53(4): 50-58.

[2] Clarke R. User requirements for cloud computing architecture[C]. Proceedings of the 10th IEEE/ACM International Conference on Cluster, Cloud and Grid Computing, New York, 2010: 625-630.

[3] 沈昌祥，张焕国，王怀民，等. 可信计算的研究与发展[J]. 中国科学：信息科学，2010, 40(2): 139-166

[4] 赵晓永，杨扬，孙莉莉，等. 面向用户体验的云计算服务可信模型研究[J]. 小型微型计算机系统, 2013, 34(3): 450-452.

[5] 王佳慧，刘川意，王国峰，等. 基于可验证计算的可信云计算研究[J]. 计算机学报，2016, 39(2): 286-304.

[6] 丁滟，王怀民，史佩昌，等. 可信云服务[J]. 计算机学报, 2015, 38(1): 133-149.

[7] 石勇，郭煜，刘吉强，等. 一种透明的可信云租户隔离机制研究[J]. 软件学报，2016, 27(6): 1538-1548.

[8] 王守信，张莉，李鹤松. 一种基于云模型的主观信任评价方法[J]. 软件学报, 2010, 21(6): 1341-1352.

[9] 刘川意，王国峰，林杰，等. 可信的云计算运行环境构建和审计[J]. 计算机学报，2016, 39(2): 339-350.

[10] Wang W, Zeng G S, Tang D Z H, et al. Cloud-DLS: Dynamic trusted scheduling for cloud computing [J]. Expert System with Applications, 2012, 39: 2321-2329.

[11] 胡润波. 基于第三方信息的移动商务信任评价方法研究[D]. 大连：大连理工大学, 2010.

[12] 王文婧，杜惠英，吕廷杰. 基于第三方认证的云服务信任模型[J]. 系统工程理论与实践, 2012, 32(12): 2774-2780.

[13] Wang C, Chow S S M, Wang Q, et al. Privacy-preserving public auditing for secure cloud storage[J]. IEEE Transactions on Computer, 2013, 62(2): 362-375.

[14] 宋洁. 多属性决策算法研究与应用[D]. 北京：华北电力大学, 2015.